"十四五"普通高等教育艺术设计类系列教材

景观环境
设计手绘表现技法

韩宁 周延飞 李清 赵瑞超 等 编著

中国水利水电出版社
www.waterpub.com.cn
·北京·

内 容 提 要

本书系统而全面地介绍了景观环境设计的手绘表现技法，内容由浅入深、从理论到实践、从局部到整体层层递进。全书共分8章，主要包括景观环境设计手绘表现概述、手绘基础表达与立体思维训练、马克笔色彩运用与表现、景观材质手绘表现、景观元素手绘表现、景观环境设计图纸手绘表现、综合场景手绘实战，以及不同景观类型的手绘表现。

本书适用于园林景观相关专业的师生学习，也可供相关设计人员参考借鉴。

图书在版编目（CIP）数据

景观环境设计手绘表现技法 / 韩宁等编著. -- 北京：中国水利水电出版社, 2025. 7. -- ISBN 978-7-5226-3490-6

Ⅰ. TU-856

中国国家版本馆CIP数据核字第2025847FD3号

书　　名	**景观环境设计手绘表现技法** JINGGUAN HUANJING SHEJI SHOUHUI BIAOXIAN JIFA
作　　者	韩宁　周延飞　李清　赵瑞超　等编著
出版发行	中国水利水电出版社 （北京市海淀区玉渊潭南路1号D座　100038） 网址：www.waterpub.com.cn E-mail：sales@mwr.gov.cn 电话：（010）68545888（营销中心）
经　　售	北京科水图书销售有限公司 电话：（010）68545874、63202643 全国各地新华书店和相关出版物销售网点
排　　版	中国水利水电出版社微机排版中心
印　　刷	天津嘉恒印务有限公司
规　　格	184mm×260mm　16开本　8印张　142千字
版　　次	2025年7月第1版　2025年7月第1次印刷
印　　数	0001—1000册
定　　价	**68.00元**

凡购买我社图书，如有缺页、倒页、脱页的，本社营销中心负责调换

版权所有·侵权必究

前言
PREFACE

党的二十大报告明确提出:"推动绿色发展,促进人与自然和谐共生""尊重自然、顺应自然、保护自然是全面建设社会主义现代化国家的内在要求"。在新时代生态文明建设的战略指引下,景观环境设计作为连接人与自然的重要纽带,正肩负着践行绿色发展理念、传承中华生态智慧、赋能城乡高质量发展的历史使命。本教材以习近平新时代中国特色社会主义思想为指导,立足"十四五"规划纲要提出的"完善生态文明领域统筹协调机制"要求,系统构建景观环境设计手绘教学体系,助力培养具有家国情怀与专业担当的新时代环境设计人才。

景观环境设计手绘作为环境设计专业的核心技能之一,在整个学科体系中占据着举足轻重的地位。本教材旨在为高校环境设计及相关专业的学生提供一本系统、全面且实用的手绘教材,帮助学生逐步掌握景观环境设计手绘的基本原理、技法和应用技巧,为其今后的专业学习和职业发展奠定坚实的基础。

在山东华宇工学院从事手绘教学中,本书编者将手绘理论知识与实际项目紧密结合,参与多项山东华宇工学院校园景观设计项目,积累了丰富的实践经验,并深切地感受到学生在学习景观环境设计手绘表现技法过程中所面临的困惑。一方面,市场上现有的手绘教材过于强调技法的训练,而忽略了设计思维的培养,无法将手绘技能与实际设计项目相结合;另一方面,传统的手绘教学模式已经难以满足现代学生的学习需求,如何将新的设计手段和表现技法融入教学中,成为教学中亟待解决的问题。

基于以上的思考和认识,决定编写本教材。在教学方法上,该教材充分考虑到高校学生的知识结构和认知水平，增加了项目的学习目标以及思考与练习内容，每章节开篇设置学习目标，让学生明确学习重点；正文中穿插大量实际案例和手绘示例，直观展示手绘技巧的运用；章节末尾配备思考与练习，便于学生巩固所学知识。在内容编排上，教材首先介绍了环境景观环境设计手绘表达的基础，在掌握了基础技能之后，进一步深入到单体元素、组合场景以及完整景观方案的手绘表现，通过大量的案例分析和实践练习，让学生们能够熟练地运用手绘技巧表达各种设计创意。本教材紧跟行业发展趋势，介绍了手绘表现的新工具和数字化时代下景观环境设计手绘的创新方向，使学生能够与时俱进，适应未来工作的需求。

  在编写这本教材的过程中，得到了许多的帮助和支持。感谢山东华宇工学院宣传处的同事提供的校园景观照片。感谢江西庐山手绘训练营的老师们的悉心指导和无私分享。感谢学生们在学习过程中提出的问题和建议，为编写教材提供了重要的参考。同时，也期待本教材能够得到同行们的批评指正，共同推动环境设计手绘教学的进步。

编者

2025 年 3 月

目录

前言

第 1 章　景观环境设计手绘表现概述　// 1

1.1　景观环境设计概念　// 1

1.2　景观环境设计手绘表现的定义与特点　// 3

1.3　手绘表现在景观环境设计中的重要性　// 5

1.4　手绘表现与数字化设计的关系　// 7

第 2 章　手绘基础表达与立体思维训练　// 8

2.1　绘画材料与工具　// 8

2.2　手绘线条的绘制技法　// 17

2.3　透视原理与空间表现　// 27

2.4　立体思维训练　// 38

第 3 章　马克笔色彩运用与表现　// 40

3.1　认识马克笔　// 40

3.2　马克笔色彩基础理论　// 42

3.3　马克笔上色技巧　// 43

3.4　马克笔色彩体块训练　// 49

第 4 章　景观材质手绘表现　// 52

4.1　景观材质概述　// 52

4.2　景观材质表现的重要性　// 53

4.3　景观材质分类手绘表现　// 54

4.4　景观材质表现实际应用　// 61

第 5 章　景观元素手绘表现　// 63

　　5.1　植物景观　// 63
　　5.2　水体景观　// 70
　　5.3　石头景观　// 73
　　5.4　天空景观　// 77
　　5.5　景观小品　// 78

第 6 章　景观环境设计图纸手绘表现　// 81

　　6.1　平面图绘制技巧　// 82
　　6.2　立面图与剖面图的表现方法　// 91

第 7 章　综合场景手绘实战　// 94

　　7.1　城市广场景观环境设计手绘　// 94
　　7.2　校园景观手绘写生　// 97

第 8 章　不同景观类型的手绘表现　// 104

　　8.1　城市公园的手绘技法　// 104
　　8.2　居住区景观的绘制方法　// 105
　　8.3　商业景观的表现技巧　// 107
　　8.4　生态景观的手绘呈现　// 108

附录　// 110

　　附录 A　景观手绘设计作品赏析　// 110
　　附录 B　景观小品设施尺寸　// 116
　　附录 C　人体工程学在景观环境设计中的应用　// 118

参考文献　// 121

第1章

景观环境设计手绘表现概述

学习目标

（1）准确理解景观环境设计手绘的定义与内涵。

（2）深入掌握景观环境设计手绘的特点及其在设计流程中的独特价值。

（3）清晰认识手绘与数字化设计之间的关系，明确两者在景观环境设计领域中的协同作用。

1.1 景观环境设计概念

景观环境设计作为城市规划与建设的重要组成部分，旨在通过艺术与科学的结合，创造出既美观又实用的公共空间。这一概念涵盖了自然环境的保护与恢复、人文历史的传承与创新，以及现代生活需求的满足等多个方面。景观环境设计不仅关乎视觉上的美感，更涉及生态平衡、文化延续和社会福祉等深层次问题。因此，在进行景观环境设计时，需综合考虑自然因素、人文因素和社会因素，以创造出既符合自然规律，又能体现地域特色和文化内涵的优质景观。

左图 德州长河公园景观（笔者自摄）

右图 德州减河湿地景观（笔者自摄）

山东华宇工学院校园景观（校宣传处拍摄）

　　在空间布局上，强调功能分区的合理性与流畅性。划分出休闲活动区、生态观赏区、文化展示区等不同功能区域。休闲活动区应该配备完善的健身设施和舒适的休憩空间，满足人们日常锻炼和放松身心的需求；生态观赏区可以以自然景观为核心，设置观景步道和观景平台，让人们近距离欣赏自然之美；文化展示区可以融入当地的历史文化元素，通过雕塑、壁画等形式展现地域特色，增强居民的文化认同感。

　　在景观元素的运用上，应注重自然与人工的巧妙结合，运用丰富的植物品种，根据季节变化搭配不同的花卉和绿植，营造四季有景的

山东华宇工学院校园景观（校宣传处拍摄）

视觉效果。同时，可以引入自然水体，如溪流、池塘等，增添灵动之美。人工元素方面，可以采用简洁现代的设计风格，打造造型独特的景观小品和建筑设施，使其与自然环境相融合，形成独特的景观风貌。

山东德州居住区景观实景（笔者自摄）

1.2 景观环境设计手绘表现的定义与特点

1.2.1 景观环境设计手绘的定义

景观环境设计手绘是一种以手绘为主要手段，将景观环境设计的构思、创意和方案以直观的图像形式呈现出来的表现方式。它通过绘图者熟练运用各种绘图工具和技法，在图纸上精确描绘出景观环境的空间布局、地形地貌、植物配置、建筑设施等要素，将设计师脑海中的抽象概念转化为具体的视觉形象。它不仅是对设计方案的初步呈现，更是设计师与客户、施工团队等各方进行沟通交流的重要语言，能让相关人员在项目实施前对景观环境设计有一个清晰、直观的认识和理解。

山东华宇工学院校园手绘（笔者自绘）

1.2.2 景观环境设计手绘的特点

1. 直观性

景观环境设计手绘具有极强的直观性，能够在第一时间将设计师的想法清晰地展现出来。相比于文字描述，手绘图形能够更直接地传达设计意图，使观者迅速理解设计师所构思的空间形态、景观元素的组合关系等。

2. 灵活性

手绘的过程具有高度的灵活性。设计师可以随时根据自己的思路变化、新的灵感或者他人的反馈对画面进行修改和调整。在绘制草图阶段，设计师可以轻松地擦除或添加线条，改变物体的形状、位置和大小，无须像使用数字化软件那样受到诸多操作限制。这种灵活性使得设计师能够更加自由地发挥创意，不断探索各种设计可能性。

3. 艺术性

景观环境设计手绘不仅仅是功能性的绘图，还蕴含着丰富的艺术价值。每位设计师都有自己独特的绘画风格和表现手法，在手绘过程中，他们会不自觉地将个人的艺术审美、情感体验融入到作品中。通过线条的运用、色彩的搭配、笔触的变化等，使手绘作品具有独特的艺术感染力。

1.3 手绘表现在景观环境设计中的重要性

手绘在景观环境设计中的重要性体现在其作为思维工具、艺术表现手段、沟通媒介以及专业技能等多个方面。它不仅是设计过程中的关键环节，更是传承设计文化、培养设计感悟的重要途径。未来随着数字化技术发展越来越快，手绘与数字技术的结合将为景观环境设计带来更多可能性，为创造更富有生命力和艺术性的景观空间提供有力支持。

1.3.1 设计构思的有效表达

在景观环境设计中，设计构思的有效表达至关重要。手绘能够迅速捕捉设计师脑海中一闪而过的灵感，将抽象的概念具象化。设计师可以通过手绘草图，快速勾勒出景观的大致布局、地形起伏、植物配置等关键元素，使设计思路更加清晰。与电脑绘图相比，手绘具有更强的灵活性和即时性，不受软件操作和设备的限制。设计师在现场勘查时，就可以随时随地拿出纸笔，将眼前的场景和心中的想法结合起来，快速记录下设计灵感。而且手绘草图能够保留设计师创作时的原始情感和独特风格，每一笔线条都蕴含着设计师的思考和创意。通过手绘，设计师可以不断地对设计构思进行修改和完善，逐步优化方案，使其更加符合实际需求和审美标准。这样的有效表达，为后续的设计深化和项目实施奠定了坚实的基础。

1.3.2 团队沟通与协作的桥梁

在景观环境设计中，设计构思的有效表达至关重要。手绘能够迅速捕捉设计师脑海中一闪而过的灵感，将抽象的概念具象化。设计师可以通过手绘草图，快速勾勒出景观的大致布局、地形起伏、植物配置等关键元素，使设计思路更加清晰。与电脑绘图相比，手绘具有更强的灵活性和即时性，不受软件操作和设备的限制。设计师在现场勘查时，就可以随时随地拿出纸笔，将眼前的场景和心中的想法结合起来，快速记录下设计灵感。而且手绘草图能够保留设计师创作时的原始情感和独特风格，每一笔线条都蕴含着设计师的思考和创意。通过手绘，设计师可以不断地对设计构思进行修改和完善，逐步优化方案，使其更加符合实际需求和审美标准。这样的有效表达，为后续的设计深化和项目实施奠定了坚实的基础。

1.3.3 培养学生的空间想象力与造型能力

手绘表现是培养学生空间想象力与造型能力的有效途径。在景观环境设计的学习过程中，学生通过手绘来描绘不同尺度和风格的景观场景，需要在脑海中构建出三维的空间形态，将抽象的设计概念转化为具体的图像。这种从无到有的创作过程，能够极大地锻炼学生的空间想象力，让他们学会从不同角度去观察和理解空间。

同时，手绘对造型能力的提升也有着不可忽视的作用。学生在描绘景观元素如植物、建筑、小品等时，需要准确把握它们的形态、比例和细节特征。通过不断地练习手绘，学生能够逐渐提高对物体造型的敏感度和表现力，使他们在设计中能够更加精准地塑造出理想中的景观形象。

1.4 手绘表现与数字化设计的关系

随着数字化技术发展,景观环境设计领域也迎来了技术革新,计算机辅助设计(computer-aided design,CAD)和三维建模等数字化工具被广泛应用。但手绘依然不可替代。手绘设计是设计师艺术素养与设计思维的直接体现,是连接设计灵感与最终作品的重要桥梁,在环境设计领域中散发独特魅力。

手绘表现在景观环境设计的初期概念阶段具有独特优势。它能够快速捕捉设计师的灵感,将抽象思维转化为具象图像。手绘的自由性和即时性使设计师能够在短时间内探索多种可能性,为后续的深化设计奠定基础。

在景观环境设计领域,因此,手绘与数字化设计并非对立关系,而是相互补充、共同发展的关系。手绘的直观性和创造性与数字化设计的精确性和效率相结合,为景观环境设计从业者提供了更加全面和强大的表现工具。未来,随着技术的不断进步,两者的融合将更加紧密,共同推动景观环境设计行业向更高水平发展。

思考与练习

(1)结合实际案例,分析景观环境设计手绘的直观性、灵活性和艺术性在设计过程中的具体体现。

(2)收集一些景观环境设计项目从构思到最终完成的资料,阐述手绘在各个阶段所发挥的重要作用。

(3)选择一个简单的景观场景,分别用手绘和数字化软件进行表现,对比两者的优缺点,思考如何更好地将两者结合应用。

第 2 章

手绘基础表达与立体思维训练

学习目标

（1）熟悉并掌握景观环境设计手绘所需的各类绘画材料与工具的特点及使用方法。

（2）熟练运用线条与形状的基本技巧，准确表现景观物体的轮廓和特征。

（3）深入理解透视原理，能够运用不同的透视类型进行景观空间的表现。

（4）掌握光影与明暗关系的基本规律，通过手绘准确塑造景观物体的立体感和质感。

2.1 绘画材料与工具

手绘是一门融合艺术与技术的专业技能，其基础知识中最为重要的莫过于对绘画材料与工具的深入了解和熟练运用。绘画材料与工具是学习景观环境设计手绘的物质基础，它们直接影响着设计表现的效果和质量。因此，深入了解并合理选择绘画材料与工具，对于提高手绘水平具有至关重要的作用。

2.1.1 手绘笔类工具

1. 铅笔

铅笔是手绘中最常用的工具之一。起稿阶段，铅笔是开启创意之门的钥匙。设计师在进行手绘创作时，最初的灵感常常以模糊的概念存在于脑海中，此时铅笔能将这些抽象的想法转化为纸面的线条。可以通过轻松的线条勾勒出大致的轮廓和布局，不必担心留下难以更改的痕迹。比如在绘制景观手绘时，先用铅笔简单画出场地的边界、主要建筑的位置、道路的走向等，为后续更精细的创作搭建起基本框架，就像搭建房屋的基石，为整个作品奠定基础。

铅笔（笔者自摄）

构图方面，铅笔的作用无可替代。它可以帮助创作者确定画面的主体位置、次要元素的分布以及画面的视觉重心。通过使用不同轻重的线条，标记出不同元素的位置关系，调整元素之间的疏密、比例，从而实现画面的平衡与和谐。例如在绘制一幅以建筑为主体的手绘时，用铅笔确定建筑在画面中的中心位置，以及周边植物、小品等元素的环绕布局，以达到突出主体、丰富画面的效果，使整个构图符合美学原则，吸引观众的目光。

2. 美工钢笔

笔尖特殊的形状能轻松绘制出粗细不同的线条。在描绘景观中的建筑轮廓时，粗线条可强调建筑的主要结构，如建筑的外墙、大型支柱等，赋予其厚重感和立体感；细线条则可用于勾勒建筑的细节，如门窗的边框、装饰花纹等，使画面更精致。美工钢笔通过控制运笔的

美工钢笔（笔者自摄）

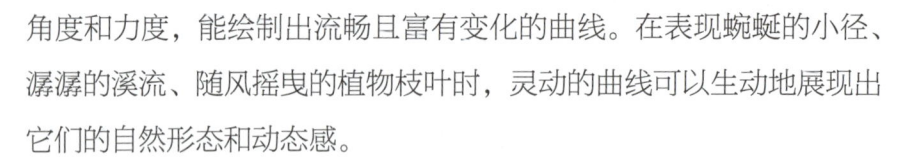

角度和力度，能绘制出流畅且富有变化的曲线。在表现蜿蜒的小径、潺潺的溪流、随风摇曳的植物枝叶时，灵动的曲线可以生动地展现出它们的自然形态和动态感。

3. 针管笔

针管笔是绘制线稿的重要工具，能画出粗细均匀、流畅的线条。常见的针管笔有 0.1mm、0.3mm、0.5mm、0.8mm 等不同的笔尖粗细规格。较细的针管笔（如 0.1mm、0.3mm）常用于绘制细节和刻画精致的部分，比如家具的纹理、植物的叶脉等；较粗的针管笔（如 0.5mm、0.8mm）则用于勾勒物体的外轮廓和主要结构线，突出画面的主体和层次感，比如在绘制建筑外观时，用 0.8mm 的针管笔描绘建筑的轮廓，用 0.3mm 的针管笔刻画门窗等细节。

针管笔（笔者自摄）

4. 勾线笔

勾线笔能画出富有变化的线条，表现力较强。在书写和绘画时能根据用力大小产生明显的粗细变化，既可以用于勾勒粗线条，表现物体的轮廓和主要结构，也能用于书写文字和绘制一些具有韵味的线条，为画面增添独特的艺术风格。

勾线笔（笔者自摄）

2.1 绘画材料与工具

5. 马克笔

马克笔是景观环境设计手绘中常用的上色工具,最大的特点是上色迅速、流畅。笔尖设计多样,常见的有细头、宽头和斜头。细头适合勾勒线条,精准描绘景观中的细节,如植物的叶脉、建筑的轮廓线条;宽头和斜头则能快速大面积上色,绘制景观的底色和大面积色块,像绘制大片草地、天空等场景时,效率极高。而且马克笔的墨水具有挥发性,干燥速度快,大大缩短了绘画的等待时间,便于设计师在短时间内完成多图层的叠加和修改,提高创作效率。

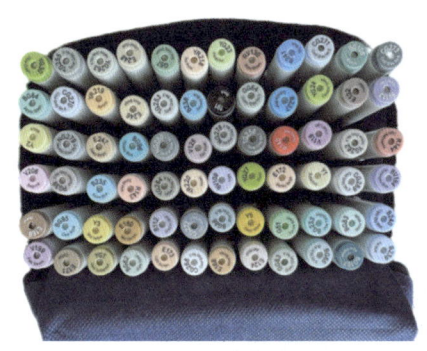

马克笔(笔者自摄)

6. 彩铅

彩铅可以用于细腻地表现物体的质感和色彩过渡,与马克笔结合使用可以达到更好的效果。通过学习彩铅的排线方法和色彩叠加技巧,练习绘制不同材质的物体,如木材、金属、玻璃等,来提高彩铅的表现能力。

彩铅(笔者自摄)

2.1.2 绘图纸

绘图纸是一种常用的绘画用纸，具有纸质光滑、质地较硬、吸水性适中的特点，适合铅笔、针管笔、马克笔等多种绘画工具。在绘制景观环境设计手绘作品时，绘图纸能够保证线条的流畅性和色彩的均匀性，使画面效果更加清晰、整洁。例如，在绘制景观平面图和立面图时，通常会选择绘图纸作为绘图纸张。

1. 普通复印纸

普通复印纸是较为常见且经济实惠的选择。其表面光滑，质地紧密，墨水不易渗透，能保证马克笔颜色鲜艳，笔触清晰。适合初学者进行简单练习，或是绘制对色彩表现要求不高的草图，可满足日常基础练习需求。但它的吸水性较差，在进行色彩叠加时，容易出现颜色堆积、不均匀的情况，且纸张较薄，多次涂抹后可能会破损。

普通复印纸（笔者自摄）

2. 马克笔专用纸

马克笔专用纸专为马克笔设计，在性能上有诸多优势。这类纸张通常具有良好的吸水性与渗色性，能使马克笔墨水迅速均匀地扩散，色彩过渡自然，实现细腻的色彩融合效果。同时，它的耐水性和抗渗透性也很强，即使多次叠加色彩，纸张也不易起皱、变形，能让画面保持平整。纸张表面纹理细腻，能更好地承载马克笔的笔触，呈现出丰富的细节，非常适合绘制专业的马克笔作品，如建筑效果图、景观环境设计图等对色彩和细节要求较高的绘图。

2.1.3 其他辅助工具

1. 直尺

直尺是最基本的尺类工具，通常由塑料、金属或木材制成。常见的长度规格有 15cm、30cm、60cm 等。直尺的边缘笔直，刻度清晰，用于绘制直线，如建筑的轮廓线、室内空间的墙体线、家具的边框等。在绘制较长的直线时，使用较长的直尺可以保证线条的笔直度和准确性。在绘制一些需要精确测量和定位的图形时，直尺上的刻度还可以帮助设计师确定尺寸和比例。

2. 平行尺

在景观手绘中常需要绘制大量平行线，如道路、建筑的轮廓线、栅栏、铺装缝隙等。使用平行尺能确保所绘线条严格平行，使画面中的物体和元素在形态和空间关系上更具准确性和稳定性，避免线条出现歪斜或不规整，影响整体的视觉效果和设计表达。相较于徒手绘制平行线，平行尺可以快速、流畅地画出平行线条，大大节省绘图时间，尤其是在绘制大面积的平行元素，如大面积的草地、水面的波纹等时，能让设计师更高效地完成绘图任务，将更多精力放在设计创意和细节表现上。

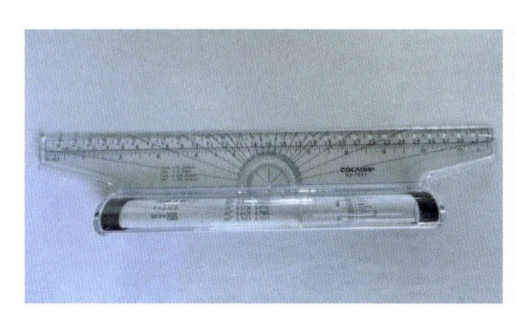

平行尺（笔者自摄）

3. 比例尺

比例尺是专门用于按比例绘制图形的工具，比例尺的三个棱面上刻有多种不同的比例刻度，如1∶100、1∶200、1∶500等，设计师可以根据实际需要选择合适的比例进行绘制。在绘制建筑平面图、剖面图和立面图时，比例尺可以帮助设计师准确地将实际尺寸缩小或放大到图纸上，确保图形的比例准确无误。

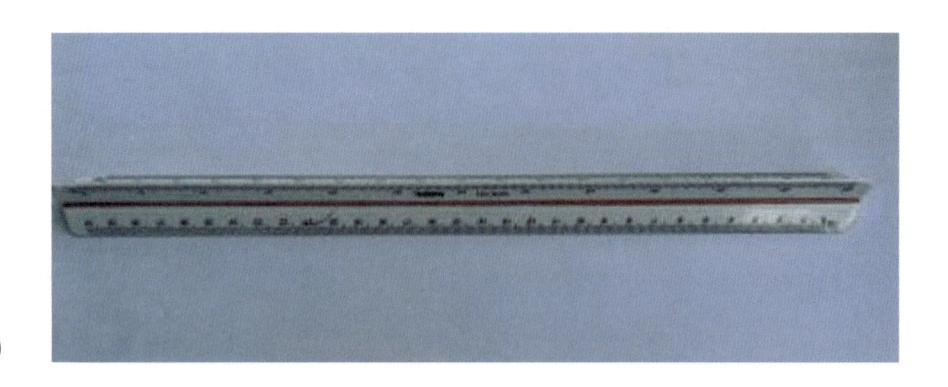

比例尺（笔者自摄）

4. 曲线板

曲线板是用于绘制不规则曲线的工具，其边缘由多种不同曲率的曲线组成。在绘制环境设计中的园林景观曲线（如道路、水体边缘、花坛轮廓等）、室内装饰的曲线造型（如弧形楼梯、圆形吊顶等）时，曲线板可以帮助设计师画出流畅、自然的曲线。使用时，选择与所需曲线曲率相近的部分，沿着曲线板的边缘进行绘制，然后通过多次拼接和调整，完成整个曲线的绘制。

曲线板（笔者自摄）

5. 圆模板

圆模板是专门用于绘制圆形造型的工具，上面有不同大小的圆形孔洞。在环境设计中，圆的应用较为广泛，如景观中的圆形花坛等。使用圆模板可以快速、准确地绘制出不同大小的圆，提高绘图效率和准确性。

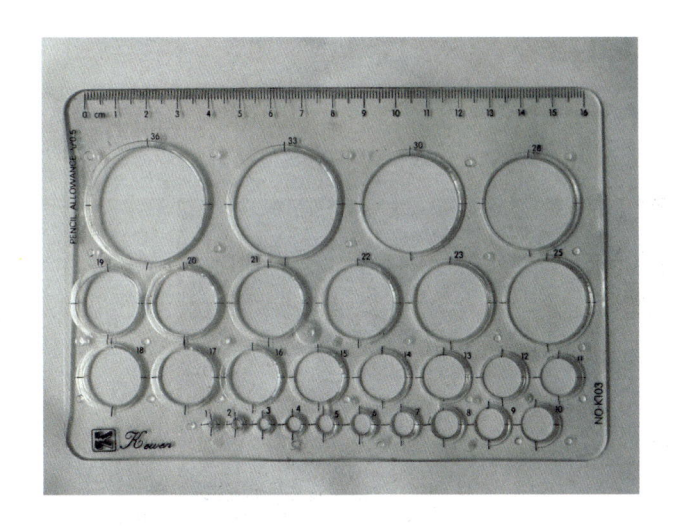

圆模板（笔者自摄）

6. 蛇形尺

是一种可以随意弯曲成各种形状的尺子，具有一定的柔韧性和记忆性。适用于绘制不规则的自由曲线，如园林中的自然小径等。设计师可以根据需要将蛇形尺弯曲成合适的形状，然后沿着其边缘进行绘制，能够灵活地表现出各种自然、流畅的曲线形态。

蛇形尺（笔者自摄）

第 2 章　手绘基础表达与立体思维训练

7. 修正液

在手绘设计过程中，修正液看似简单，却发挥着不可忽视的重要作用。修正液还可用于制造独特的视觉效果，由于其具有不透明性和白色的特点，可模拟高光、反光等效果。在绘制金属物体时，用修正液点涂出高光部分，能瞬间增强金属的光泽感和立体感；在描绘雪景时，用修正液喷溅或涂抹表现雪花，可使画面更具真实感和氛围感。通过巧妙运用修正液的这一特性，能够为手绘作品增添意想不到的艺术效果，提升作品的表现力和艺术价值。

左图　修正液局部表现图（笔者自绘）

右图：修正液（笔者自摄）

8. 高光笔

高光笔作为手绘设计中常用的工具，在提升画面效果、增强艺术表现力方面发挥着关键作用。在复杂的手绘作品中，高光笔可以轻松吸引观者的注意力。比如在绘制一幅城市景观的插画时，建筑的窗户、街灯以及车辆的金属部件等细节，用高光笔提亮后，会从画面中脱颖而出，成为视觉焦点，让画面主次分明，使观众更易理解创作者想要表达的核心元素。

左图：高光笔（笔者自摄）

右图：高光笔局部表现图（笔者自绘）

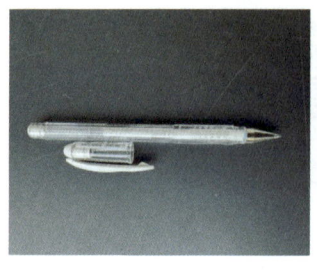

9. 透明册

不仅能够清晰地展示学生的手绘作品，便于教师和同学进行观摩和学习，还能有效保护作品免受损坏。通过透明册的收集，学生的作品得以长期保存，成为他们成长历程中的宝贵记录。此外，透明册便于携带和翻阅，无论是用于教学展示还是学生之间的交流分享，都能发挥重要作用。

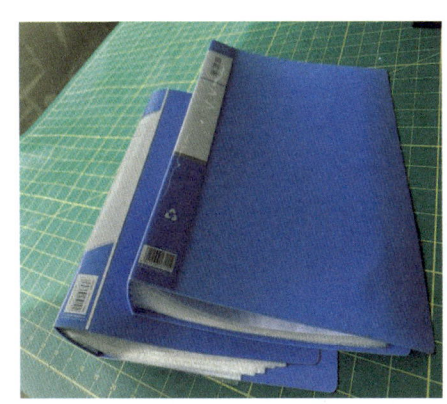

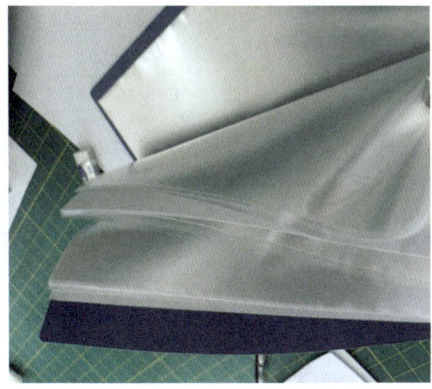

透明册（笔者自摄）

2.2 手绘线条的绘制技法

在景观环境设计手绘中，不同样式的线条能够传递出不同的视觉体验和设计理念。例如，灵动的曲线可展现出景观的活泼与柔美，像潺潺的溪流、连绵的山丘；而刚直的直线则能够凸显景观的规整与稳固，比如整齐排列的建筑轮廓、笔直延伸的道路。

除了线条样式，线条的粗细变化也有着不可忽视的作用。粗线条可用于突出重点元素或者展现物体的立体感，例如粗壮挺拔的树干、厚实坚固的墙体；细线条则适宜描绘细节以及轻盈的元素，像树叶精致的脉络、飘逸的云朵。合理地运用线条的粗细对比，能够让画面更具层次感与空间感。

此外，线条的疏密分布能够营造出不同的质感和氛围。密集的线条能够表现出物体的厚重质感或强烈的光影效果，而稀疏的线条

第 2 章　手绘基础表达与立体思维训练

则可以传达出空灵、简约的感觉。在绘制景观时，依据不同的场景和设计要求，灵活地调整线条的疏密，能够使画面更加生动且富有感染力。

2.2.1　手绘的正确坐姿和握笔姿势

1. 坐姿

通过保持正确的手绘坐姿，能够在手绘设计过程中保持身体的舒适和稳定，从而更高效地完成手绘作品。还能有效预防身体疲劳和潜在的健康问题。在实际绘图时，要时刻注意自己的坐姿，养成良好的习惯。

手绘坐姿（笔者示范）

（1）头部位置。头部应保持正直，不要过度低头或仰头。眼睛与纸面的距离应适中，一般为 30～40cm，以便清晰地观察画面细节。如果需要长时间专注于绘图，可以每隔一段时间抬起头，向远处眺望，放松眼睛。

（2）座椅高度。选择高度合适的座椅，使双脚平放在地面，大腿与地面平行。座椅高度应能让手臂自然下垂，手肘弯曲呈 90°左右，这样在绘图时手臂可以轻松地在桌面上移动，避免因座椅过高或过低导致手臂和肩膀的紧张。

（3）身体与桌面的距离。身体应与桌面保持约一拳的距离，既不要过于贴近桌面，也不要离得太远。保持适当的距离可以让身体有足够的活动空间，同时便于观察和绘制画面。

（4）背部姿势。背部挺直，双肩自然放松，不要弯腰驼背或过度后仰。保持脊柱的自然曲线。良好的背部姿势有助于减轻腰部和颈部的压力，使身体在长时间绘图过程中保持舒适。

2. 握笔姿势

（1）常规握笔姿势。这是最常用的握笔方式，类似于日常书写姿势。用拇指、食指和中指捏住笔杆，拇指和食指相对，中指在下方托住笔杆，笔杆靠在食指根部关节处。笔杆与纸面成45°～60°夹角。这种姿势适用于绘制较短、较细且需要控制力度和方向的线条。由于手指对笔的控制较为精细，能够轻松表现出线条的轻重缓急和转折变化，有助于准确描绘物体的形状和结构。

常规握笔姿势
（笔者示范）

（2）横握姿势。将笔杆横握在手中，拇指和其他四指相对握住笔杆，笔尖朝向身体外侧。此时笔杆与纸面的夹角较小，大约为30°。这种握笔姿势适合绘制较长的直线和大面积的排线，比如绘制建筑的外墙线条、室内空间的墙体轮廓等。因为横握时手臂的活动范围更大，能够借助手臂的运动来画出更流畅、更稳定的长线条，减少因手腕运动范围有限而导致的线条抖动。同时，在使用马克笔进行大面积上色时，横握姿势也能使笔触更加均匀、连贯。

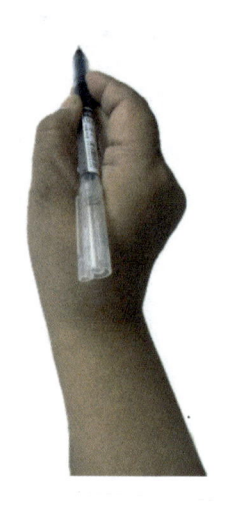

横握姿势（笔者示范）

在手绘设计表现中，要根据具体的绘图需求和工具特点，灵活运用不同的握笔姿势。通过不断练习和实践，熟练掌握各种握笔姿势的技巧，从而提高手绘表现的能力和水平，更准确、生动地表达设计意图。

2.2.2 线条绘制技法

1. 直线

（1）用途。直线是景观环境设计手绘中最基本的线条之一，用于表现物体的轮廓、边界和结构。绘制直线时，要保持手腕稳定，手臂自然移动，从起点到终点一气呵成，使线条流畅、笔直。直线又可分为水平直线、垂直直线和倾斜直线。水平直线常用于表现地平线、建筑的水平轮廓线等；垂直直线常用于表现建筑的竖向结构、树木的树干等；倾斜直线则用于表现物体的倾斜角度和透视关系。例如，在绘制一个建筑的立面图时，用水平直线绘制建筑的屋顶和窗台线条，用垂直直线绘制建筑的柱子和墙面分割线，使建筑的形态更加清晰明了。

（2）练习要点。保持手腕稳定，运笔速度均匀，从起点到终点一气呵成，尽量避免线条抖动。可以通过在纸上绘制不同长度和方向的直线来练习，如水平、垂直、倾斜的直线。

2.2 手绘线条的绘制技法

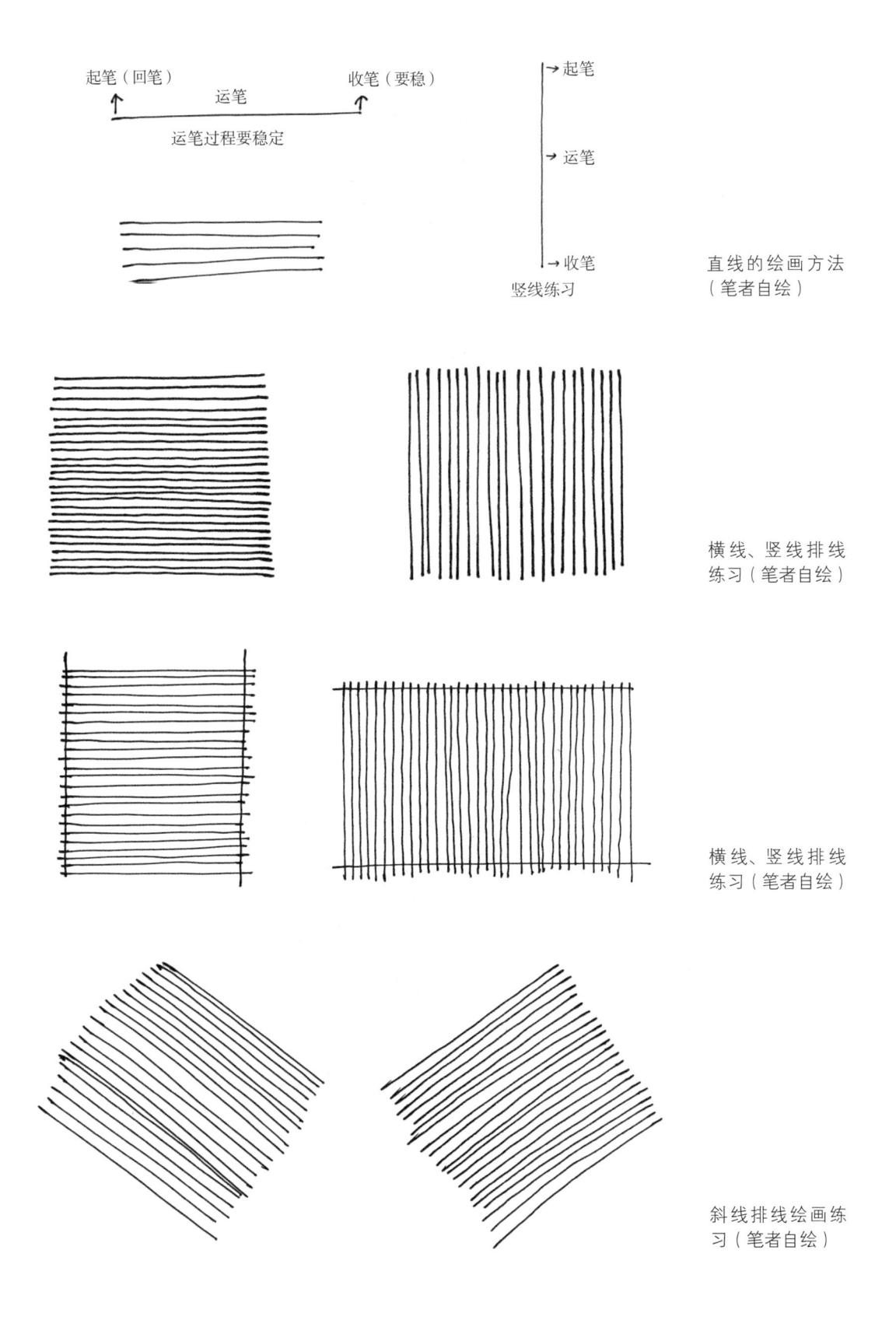

起笔（回笔） 收笔（要稳）
运笔
运笔过程要稳定

→ 起笔
→ 运笔
→ 收笔
竖线练习

直线的绘画方法（笔者自绘）

横线、竖线排线练习（笔者自绘）

横线、竖线排线练习（笔者自绘）

斜线排线绘画练习（笔者自绘）

21

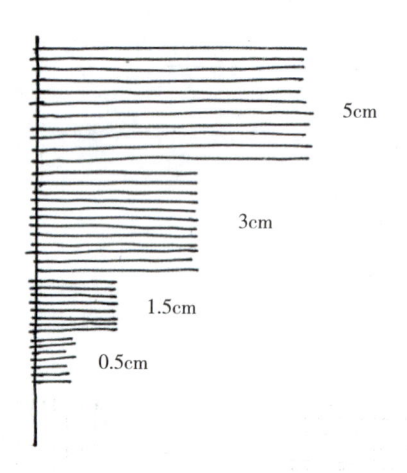

不同长度线条练习（笔者自绘）

2. 抖线（小"曲"而大"直"）

（1）用途。主要用于表现物体的质感，如树木的枝干、岩石的表面等。抖线能营造出粗糙、自然的效果。

（2）练习要点。轻轻抖动手腕，控制好抖动的频率和幅度，使线条呈现出自然的波动。练习时注意抖线的疏密变化，以表现出不同的质感程度。

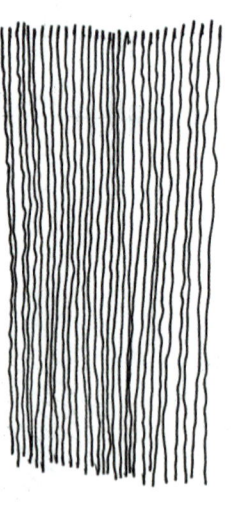

抖线手绘训练（笔者自绘）

抖线：小"曲"而大"直"

3. 曲线

（1）用途。能够表现出物体的柔和、流畅和动感，常用于绘制植物的枝叶、水体的波纹、道路的弯道等。绘制曲线时，要注意线条的弧度和节奏，通过手腕和手臂的协调运动，使曲线自然流畅。曲线有多种类型，如弧线、波浪线、螺旋线等。弧线常用于绘制圆形或弧形物体的一部分，如花坛的边缘、拱桥的形状等；波浪线常用于表现水体的流动感，如河流、海浪等；螺旋线则可用于表现一些具有旋转形态的物体，如藤蔓植物的缠绕生长。例如，在绘制一片湖面时，用波浪线表现湖水的波纹，通过线条的疏密和起伏变化，展现出湖水的动态美。

（2）练习要点。练习时要放松手腕，跟随手臂的自然摆动来绘制曲线。注意曲线的弧度和流畅度，避免出现生硬的转折。可以先从简单的弧线开始练习，逐渐过渡到复杂的S形、C形曲线。

弧线手绘训练（笔者自绘）

波浪线手绘表现（笔者自绘）

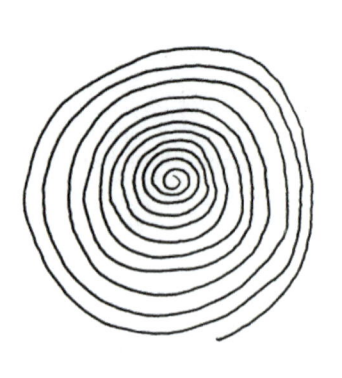

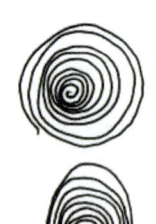

螺旋线（笔者自绘）

曲线组合手绘训练（学生绘制）

4. 转折线

（1）用途。转折线由多条直线段连接而成，能够表现出物体的转折、棱角和立体感。在景观环境设计手绘中，转折线常用于绘制建筑的结构、地形的起伏等。绘制转折线时，要注意线段之间的连接角度和长度，使转折线自然合理。例如，在绘制一个山地景观时，用转折线表现山体的轮廓和地形的起伏变化，通过转折线的疏密和角度调整，体现出山势的陡峭和平缓。

（2）练习要点：掌握好转折线的角度和转折点，使线条的转折自然。通过绘制不同角度和长度组合的转折线，提高对这种线条的控制能力。

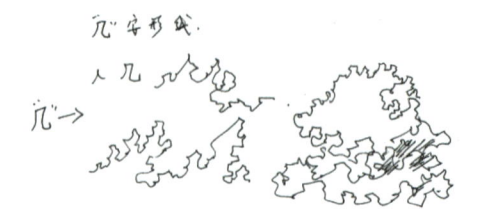

转折线练习（笔者自绘）

2.2 手绘线条的绘制技法

　　在实际应用中，设计师需要根据不同的景观元素和设计意图选择适当的线条类型和表现技法。例如，在表现一片草地时，可以使用疏密有致的曲线来展现草的生长状态和风吹动的效果。而在绘制建筑立面时，则可能需要运用直线和几何形状来强调其结构感和力量感。

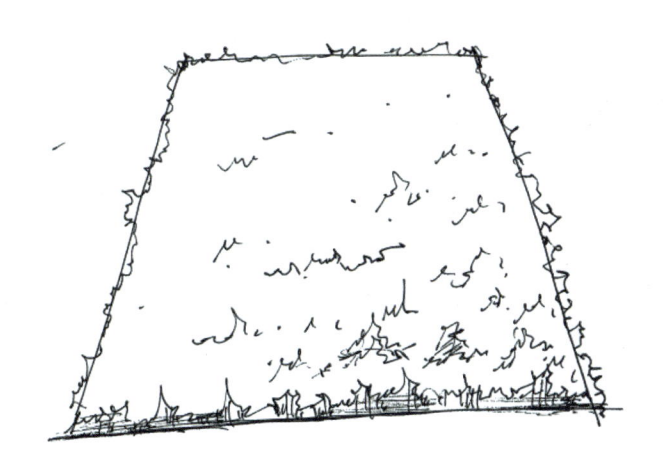

草地线条表现（笔者自绘）

5. 不同线条组合练习

线条组合练习（笔者自绘）

6. 学生课堂线条训练

线条练习（学生绘制）

2.3 透视原理与空间表现

在景观环境设计手绘中，透视原理和空间表现是至关重要的技巧，它们能够帮助设计师更好地呈现三维空间的深度和层次感。掌握这些技巧不仅能够提高手绘的真实感和立体感，还能让观者更直观地理解设计意图。

2.3.1 透视原理

透视原理是绘画中表现三维空间的基础。在景观环境设计手绘中，常用的透视类型包括一点透视、两点透视和三点透视。一点透视适用于表现正面或侧面的景观视图，如沿着一条直路望去的场景。两点透视则更适合表现建筑物或景观元素的角度视图，能够展示出更丰富的空间关系。三点透视通常用于表现俯视或仰视的场景，如高层建筑或山谷景观。

透视实景照片（笔者自摄）

在应用透视原理时，设计师需要注意几个关键要素：消失点、视平线和比例关系。消失点是平行线在远处汇聚的虚拟点，正确设置消失点可以让画面具有统一的空间感。视平线代表观者的视线高度，通常设置在画面高度的 1/3 或 2/5 处，这样可以创造出平衡的构图。比例关系则是保证画面真实感的关键，随着物体远离观者，其大小和细节应逐渐减小。

透视原理实景分析
（笔者自绘）

在景观手绘表现技法中，透视是构建具有真实空间感画面的关键要素，它遵循着特定的制图原理及规律。掌握这些原理和规律，能够帮助设计师准确地表现物体的空间位置、大小和形状，使设计作品更具说服力和感染力。

掌握这些环境设计表现技法透视图的关键要素，有助于设计师更准确地理解和运用透视原理，绘制出具有真实空间感和立体感的透视图，从而更好地表达设计意图。

1. 一点透视

一点透视又称平行透视，是景观环境设计手绘中最为常用的透视类型之一。在一点透视中，物体的一组平行线（通常是与画面平行的线）保持平行，而另一组垂直于画面的平行线会向一个消失点汇

2.3 透视原理与空间表现

一点透视场景（笔者自摄）

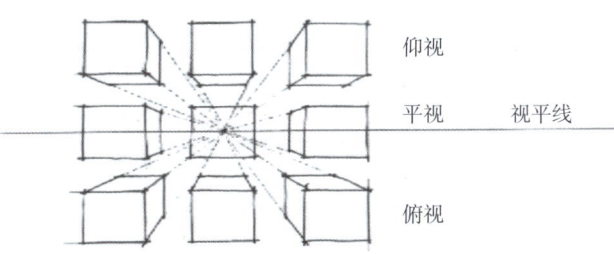

仰视

平视　视平线

俯视

一点透视原理与实景图结合（笔者自制）

29

聚。这个消失点位于视平线上，视平线是与观者眼睛高度平齐的一条水平线。一点透视常用于表现室内空间、街道、广场等具有明显平行关系的场景，能够营造出强烈的纵深感和空间延伸感。例如，当绘制一条笔直的街道时，街道两侧的建筑立面以及路面的平行线都会向远方的消失点汇聚，使观者能够清晰地感受到街道的深远和空间的开阔。

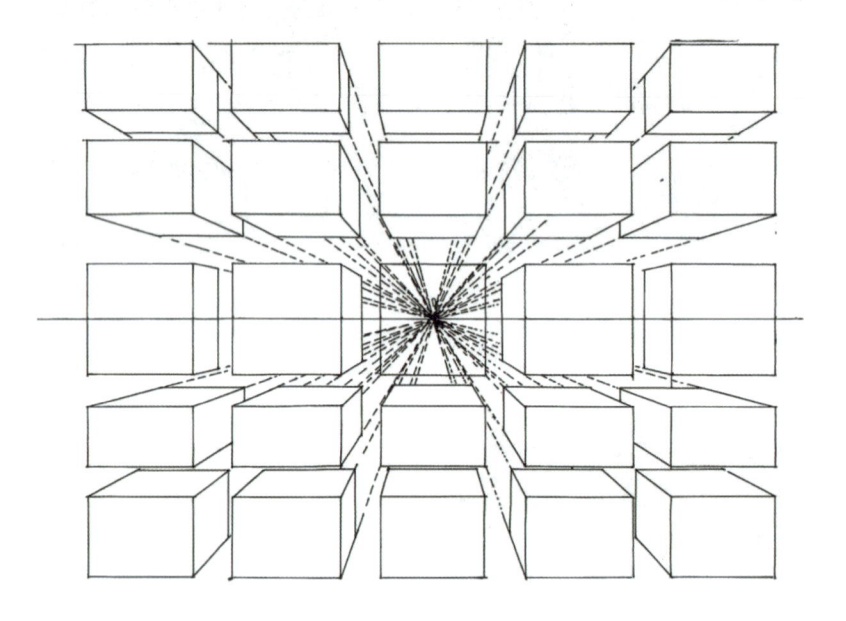

一点透视练习（倪勤瑞绘制）

一点透视廊架景观（笔者自摄）

2.3 透视原理与空间表现

一点透视场景写生（刘瑞绘制）

一点透视空间马克笔效果图（笔者自绘）

2. 两点透视

两点透视也叫成角透视，适用于表现物体有两个面与画面成一定角度的情况。在两点透视中，物体的两组平行线分别向视平线上的两个消失点汇聚，这两个消失点分别位于物体的左右两侧。两点透视能够更真实地表现物体的立体感和空间感，常用于绘制建筑的外立面、

31

街角等场景。比如，绘制一个建筑物时，建筑物的两个主要立面的平行线会分别向左右两个消失点汇聚，通过这种方式可以准确地描绘出建筑在空间中的位置和形态，以及它与周围环境的关系。

高唐双海湖公园两点透视场景（笔者自摄）

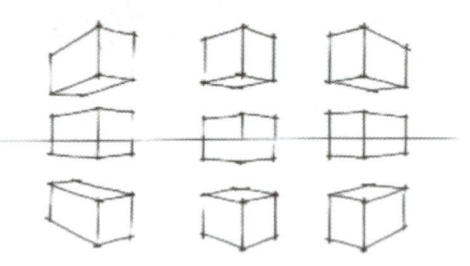

两点透视原理与实景图结合（笔者自制）

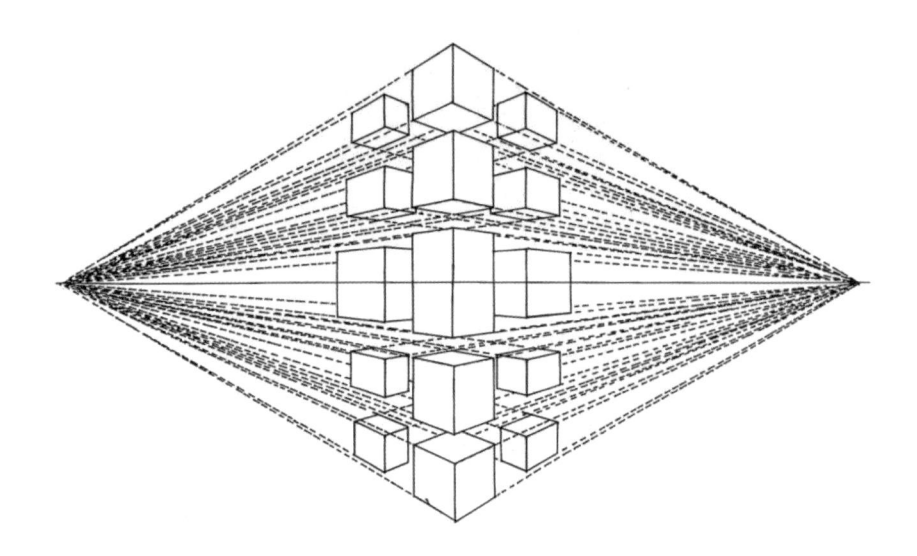

2.3 透视原理与空间表现

两点透视练习(倪勤瑞绘制)

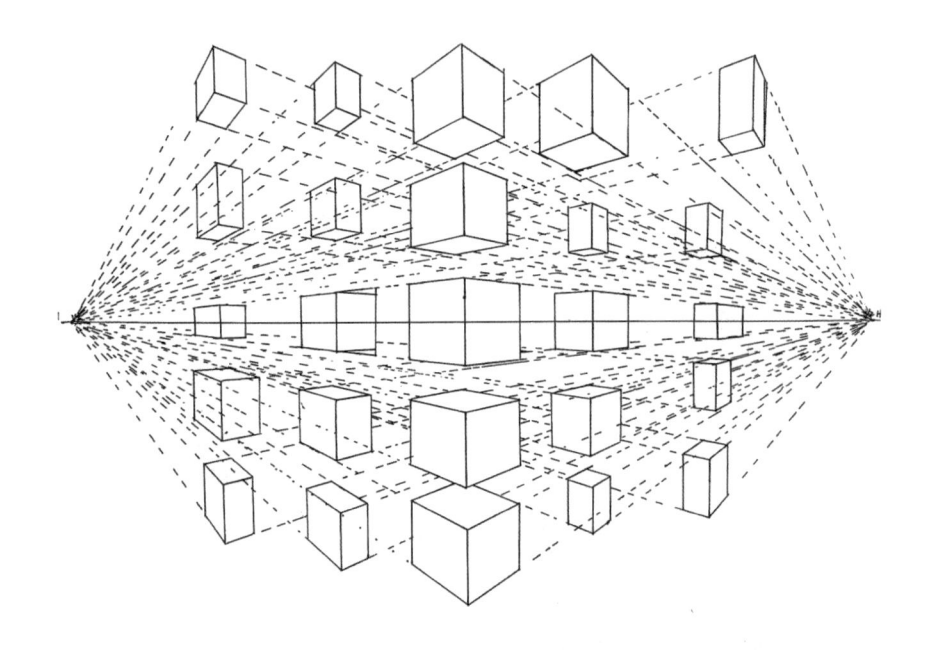

两点透视练习(倪勤瑞绘制)

第 2 章　手绘基础表达与立体思维训练

两点透视花箱实景（笔者自摄）

两点透视照片写生（侯慧丽绘制）

两点透视环境空间马克笔效果图（笔者自绘）

3. 三点透视

三点透视是一种较为复杂的透视类型，它在两点透视的基础上增加了一个垂直方向的消失点。当物体的高度较高，如高层建筑，或者观者从特殊角度观察物体，如仰视或俯视时，就需要用到三点透视。三点透视可以更加生动地表现出物体的高大和空间的扭曲感，使画面具有强烈的视觉冲击力。例如，从下往上仰视一座摩天大楼时，大楼的垂直方向的线条会向天空中的一个消失点汇聚，同时大楼的两个侧面的线条分别向左右两侧的消失点汇聚，这样能够准确地描绘出仰视时大楼带给人的高耸入云的感觉。

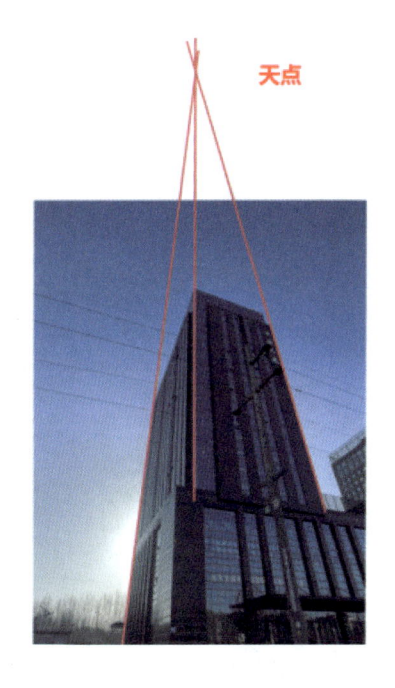

三点透视校园实景照片图（笔者自摄）

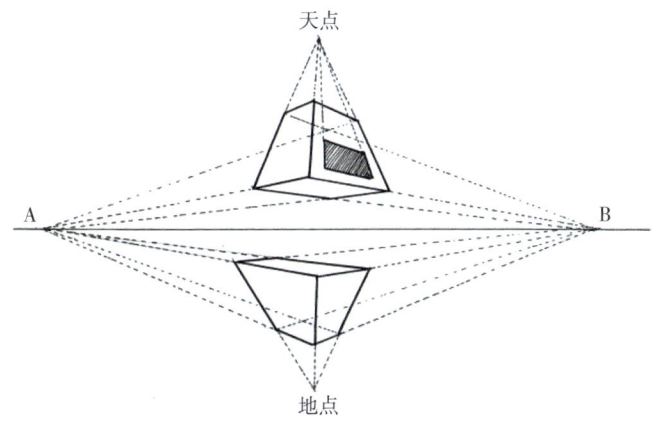

三点透视手绘表现（笔者自绘）

2.3.2 空间表现

1. 远近关系

通过透视原理，可以清晰地表现出景观元素的远近关系。在画面中，离观者近的物体看起来较大，细节也更丰富；离观者远的物体则相对较小，细节逐渐简化。例如，在绘制一片树林时，前景的树木可以绘制得较大，树干、树枝、树叶的细节都可以详细描绘；而背景的树木则逐渐变小，只需简单勾勒出大致轮廓和颜色即可，通过这种方式营造出树林的纵深空间感。

空间物体远近关系手绘表现（笔者自绘）

2. 高低关系

利用透视规律，能够准确表现出景观物体的高低差异。在视平线以上的物体，看起来会逐渐向上缩小；在视平线以下的物体，则会逐渐向下缩小。比如，绘制一座亭子，亭子位于视平线以上，其顶部会比底部看起来更小。

2.3 透视原理与空间表现

空间物体高低关系手绘表现（郑帅绘制）

3. 遮挡关系

在景观空间中，物体之间存在着相互遮挡的关系。通过准确描绘这种遮挡关系，可以增强画面的空间层次感和真实感。例如，当绘制一个公园的场景时，前景的树木可能会遮挡住部分后面的建筑和其他景观元素，通过表现出这种遮挡关系，能够让观者清晰地感知到各个元素在空间中的前后位置关系。

空间物体遮挡关系手绘表现（笔者自绘）

空间表现技巧是在透视原理基础上的进一步延伸。在景观环境设计手绘中，常用的空间表现技巧包括重叠、明暗对比和线条粗细变化。重叠是表现空间深度最直接的方法，通过前后景物的遮挡关系，可以清晰地表现出空间层次。明暗对比不仅能够增强画面的立体感，还能营造出特定的氛围和情绪。一般而言，近处的物体明暗对比更强烈，远处则变得柔和。线条粗细的变化也是表现空间感的有效手段，近处物体的轮廓线可以画得更粗，远处则逐渐变细，甚至消失。

透视原理和空间表现技巧是景观环境设计手绘的核心内容之一。通过不断练习和积累经验，可以逐步提高空间感知能力和表现技巧，从而创作出更具说服力和感染力的手绘作品。

2.4 立体思维训练

立体思维训练在景观环境设计手绘效果图制作中起着至关重要的作用。它要求设计师具备将二维平面转化为三维空间的能力，通过想象和创造，将设计理念以直观、立体的形式呈现出来。

在训练过程中，设计师需要注重观察和分析实际景观空间，理解其结构、形态和光影关系。通过观察不同角度、不同光照条件下的景观变化，设计师可以更加深入地理解空间的本质，从而在手绘效果图中准确表达。

此外，设计师还应通过大量练习来提升自己的立体思维能力。可以尝试从简单的几何形体开始，逐步过渡到复杂的景观空间。在练习过程中，要注重线条的流畅性、明暗对比的准确性和色彩搭配的和谐性，这些因素都将直接影响到手绘效果图的质量和效果。

通过立体思维训练，设计师可以更好地把握景观空间的整体感和层次感，使手绘效果图更加生动、逼真。同时，这也有助于提升学生的空间感知能力和创造力，为未来的景观环境设计工作打下坚实的基础。在手绘设计中，光影与明暗关系是一个至关重要的表现要素，它不仅能够赋予画面立体感和空间感，还能传达出特定的氛围和情感。

为了训练立体思维，可以采用多种方法。例如，可以观察和分析现实生活中的各种物体，尝试从不同角度和距离去感知和理解它们的空间结构和形态变化。同时，我们也可以多进行透视图的绘制练习，通过不断地实践来加深对透视规律的理解和掌握。

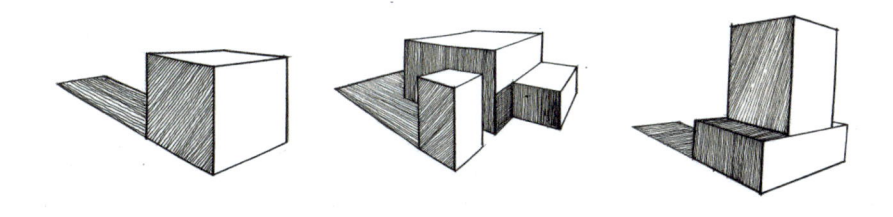

光影关系体块训练（笔者自绘）

思考与练习

（1）分别使用铅笔、针管笔、马克笔绘制同一几何元素的线条表现，对比不同工具的表现效果和特点。

（2）进行线条练习，包括直线、曲线、转折线的绘制，要求线条流畅、准确，并尝试用不同线条组合表现一些常见的景观物体（如亭子、花坛等）。

（3）选择一个景观空间，运用单点透视、两点透视和三点透视原理分别绘制一幅草图，体会不同透视类型对空间表现的影响。

（4）观察生活中的物体，分析其光影与明暗关系，然后选择一个物体进行手绘练习，准确表现出亮部、灰部、暗部和投影。

第 3 章 马克笔色彩运用与表现

学习目标

（1）深入理解色彩理论与景观环境设计之间的内在联系，能够运用色彩知识营造出符合设计主题的氛围。

（2）熟练掌握常用上色工具的特点及使用技巧，如马克笔、水彩、彩铅等，以实现理想的色彩表现效果。

（3）学会根据不同季节的特点，运用恰当的色彩来表现景观在四季中的变化，展现出自然的魅力。

（4）掌握对日间与夜间景观色彩的处理方法，准确传达不同时段景观的独特氛围和视觉感受。

3.1 认识马克笔

在景观手绘中，马克笔的优势十分显著。它能与其他绘画工具如彩铅、水彩等搭配使用，取长补短。例如先用马克笔快速铺色确定画面大色调，再用彩铅进行细节刻画和色彩调整，使画面层次更加丰富；或者在水彩的基础上，用马克笔强调重点部位，增强画面的对比度和立体感。马克笔绘制出的景观手绘作品色彩明快、风格独特，能生动地展现景观的空间感、立体感和色彩氛围，帮助设计师快速将脑海中的设计构思转化为直观的视觉图像，是景观手绘设计中不可或缺的得力工具。

马克笔可以按墨水类型、按笔尖形状等进行分类。

1. 按墨水类型分类

（1）酒精性马克笔。以酒精为溶剂，具有速干、不渗透纸张纤维的特点，在绘制过程中颜色叠加也不会使纸张起毛。其色彩鲜艳、透明度高，不同颜色之间可以相互融合，通过多次叠色能轻松实现丰富的色彩过渡和渐变效果，适合表现光影和质感。比如在绘制金属、玻璃等光滑材质时，酒精性马克笔能很好地体现其光泽感。

（2）油性马克笔。使用油性墨水，具有色彩浓郁、饱和度高的特点，而且防水、耐光，保存时间较长。不过，油性墨水的气味相对较大，在使用时需要注意通风。它的墨水渗透力较强，不太适合在普通纸张上使用，常用于在塑料、金属、玻璃等光滑表面上作画。

（3）水性马克笔。以水为溶剂，色彩相对柔和、清新，无毒无味，对人体和环境友好。但是，水性马克笔的颜色叠加时容易产生水渍，多次涂抹后纸张可能会起皱、破损。它的优点是可以与水彩技法相结合，通过加水晕染来实现特殊的效果，适合初学者和儿童使用。

2. 按笔尖形状分类

（1）宽头马克笔。宽头马克笔通常有一边是较宽的斜面，另一边是较窄的边。宽头可以快速大面积地填充颜色，适用于绘制背景、大面积的色块以及表现大的形体和光影关系；窄边则可以用来绘制较粗的线条和细节。这种笔尖的马克笔在插画、海报设计等领域应用广泛。

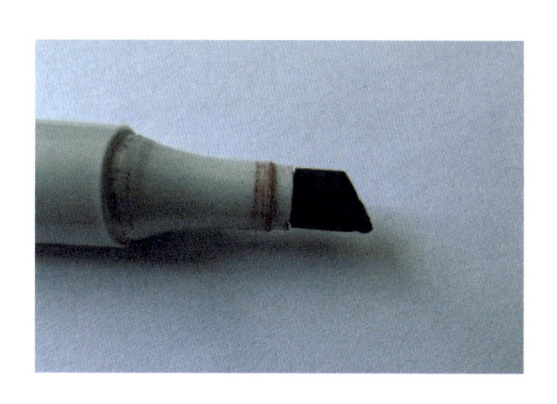

宽头马克笔实拍（笔者自摄）

（2）细头马克笔。细头马克笔笔尖较细，一般用于绘制精细的线条、勾勒轮廓和描绘细节，如人物的头发丝、物体的纹理等。在动漫插画、建筑设计草图等需要精确表现的绘画中，细头马克笔是必不可少的工具。

细头马克笔实拍（笔者自摄）

（3）圆头马克笔。圆头马克笔笔尖呈圆形，笔触圆润自然，既可以绘制较粗的线条，也可以通过倾斜笔身来画出较细的线条，线条粗细变化较为灵活。它适合绘制曲线、圆润的形状以及进行大面积的平涂，在绘制一些具有柔和风格的插画和图案时非常好用。

3.2 马克笔色彩基础理论

马克笔色彩基础理论是色彩运用与表现的基础。在色彩学中，色彩由色相、明度和纯度三个要素构成。马克笔色彩基础理论的学习，首先要掌握这些基本概念。色相是指色彩的相貌，如红、黄、蓝等；明度是指色彩的明暗程度，同一色相可以有不同的明度变化；纯度则是指色彩的鲜艳程度，即色彩的饱和度。

在马克笔绘画中，色彩的运用需要考虑到整体的色调和氛围。不同的色彩能够营造出不同的视觉效果和心理感受。例如，暖色调如红色、橙色等能够给人以温暖、热烈的感觉，而冷色调如蓝色、绿色等则给人以清凉、宁静的感觉。因此，在绘画中要根据表现的主题和氛围来选择合适的色彩。

此外，马克笔色彩基础理论还包括色彩的搭配和对比。色彩的搭配需要遵循一定的美学原则，如邻近色搭配、对比色搭配等。邻近色搭配能够营造出和谐、稳定的氛围，而对比色搭配则能够产生强烈、鲜明的视觉效果。在绘画中，要根据画面的需要来选择合适的色彩搭配方式。

冷灰（CG）　　暖灰（WG）　　蓝灰（BG）　　绿灰（GG）

灰色马克笔颜色分类（笔者自摄）

彩色系列马克笔（笔者自摄）

掌握马克笔色彩基础理论，对于提高绘画技能和表现力具有重要的意义。只有深入理解色彩的构成和运用规律，才能够更好地运用马克笔进行创作，表现出更加丰富多彩的画面效果。

3.3　马克笔上色技巧

3.3.1　马克笔用笔技法

（1）握笔姿势。马克笔握笔姿势与平时写字有所不同，一般用大拇指、食指和中指握住笔杆，笔杆与纸面成 45°～60° 夹角，这样能保证线条流畅，同时便于控制笔触轻重和方向。

（2）运笔方式。运笔讲究平稳、匀速。在绘制长线条时，手腕要放松，以手臂带动手腕移动，使线条保持挺直、连贯，避免出现弯曲或抖动。比如绘制建筑轮廓线，匀速运笔能让线条更具力量感和稳定性。绘制短线条则主要依靠手腕发力，可用于刻画细节，如植物的纹理。

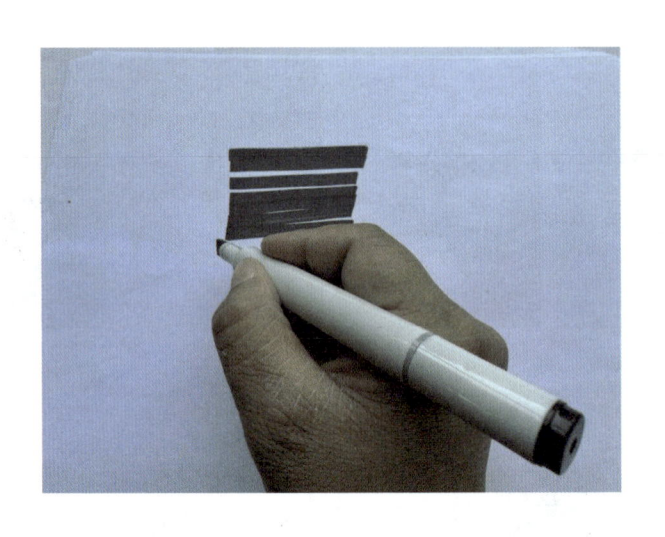

马克笔握笔姿势
（笔者示范）

3.3.2 马克笔使用技巧

1. 笔触运用

马克笔的笔触是其独特的表现语言。在绘制时，要根据物体的形状和光影变化，运用不同方向和长短的笔触。例如，绘制直线物体（如建筑的轮廓、道路）时，使用水平或垂直的笔触；绘制曲线物体（如植物的枝叶、水体的波纹）时，运用流畅的曲线笔触。同时，通过笔触的疏密变化来表现物体的明暗关系，受光面笔触稀疏，背光面笔触密集。马克笔笔尖形状多样，不同笔触能创造出不同效果。平头笔尖可绘制大面积色块，如用平涂笔触表现天空、草地等大面积背景；侧锋笔触能画出粗细变化的线条，适合表现物体的轮廓和光影变化，像绘制建筑的明暗交界线。圆头笔尖常用于绘制曲线和细小元素，如绘制植物的枝干、花朵等。

3.3 马克笔上色技巧 ▶

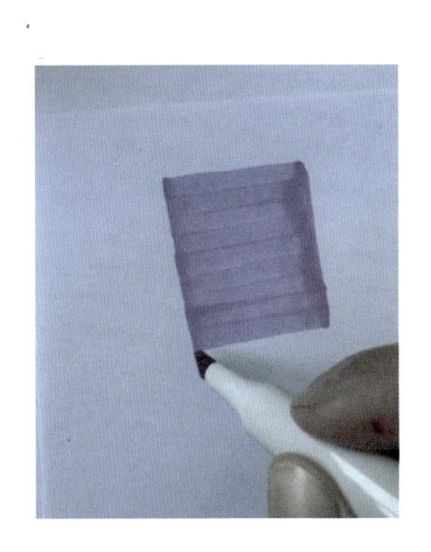

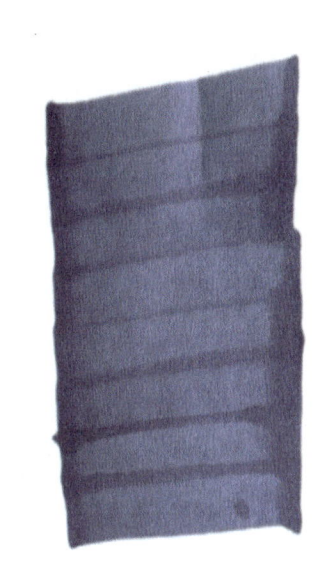

马克笔中锋笔触训练（笔者自绘）

马克笔侧锋笔触训练（笔者自绘）

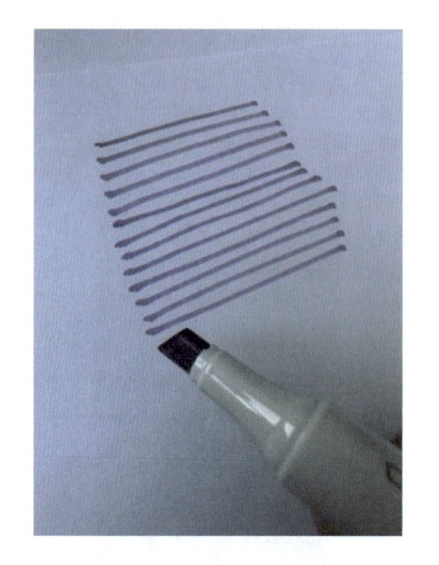

第 3 章　马克笔色彩运用与表现

马克笔"笔头"
笔触训练（笔者
自绘）

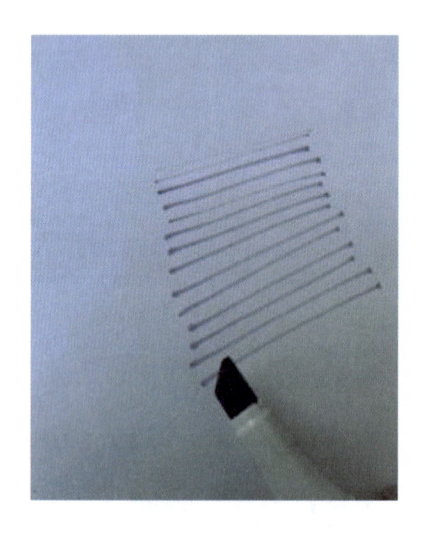

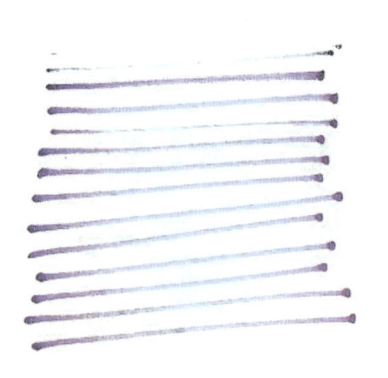

马克笔"笔根"
笔触训练（笔者
自绘）

2. 马克笔色彩平铺练习

色彩平铺是马克笔绘画的基础之一，通过"笔头"锋笔触的练习，可以掌握色彩均匀铺陈的技巧。在练习中，选择一到两种颜色，利用马克笔"笔头"的尖端，轻轻地在画纸上均匀涂抹。要注意笔触的轻重和速度，避免产生深浅不一的色块。通过反复练习，可以逐渐提高色彩平铺的均匀度和流畅度，为后续的色彩叠加和渐变打下基础。在练习过程中，还可以尝试不同颜色之间的搭配和过渡，掌握色彩融合的技巧，使画面更加自然和谐。

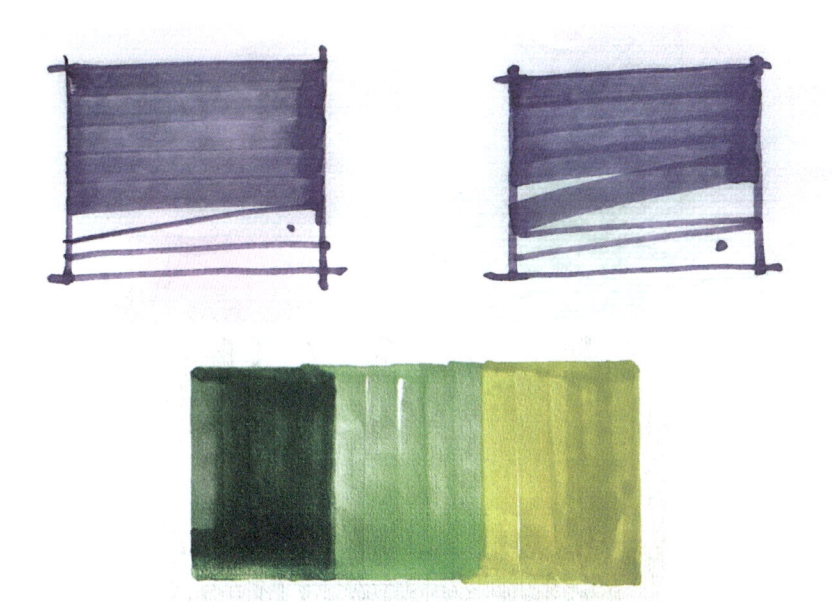

马克笔平铺笔触训练（平铺）
（笔者自绘）

3. 马克笔色彩渐变练习

色彩渐变是马克笔绘画中表现立体感和光影效果的重要手段。在进行色彩渐变练习时，需要选择一组颜色，这些颜色之间应有明显的明暗或冷暖变化。从最深或最亮的颜色开始，利用马克笔笔头的尖端，在画纸上轻柔地涂抹，并逐渐过渡到相邻的颜色。关键在于控制笔触的轻重和颜色的叠加顺序，以达到自然平滑的渐变效果。通过反复练习，便可以掌握色彩渐变的技巧，使画面中的物体呈现出丰富的立体感和光影变化。同时，这种练习也有助于更好地理解色彩之间的关系，提升色彩感知和运用能力。

马克笔渐变笔触训练（渐变）
（笔者自绘）

4. 马克笔色彩叠加练习

色彩叠加练习旨在增强画面的层次感和色彩丰富度。在进行色彩叠加时，首先要选择两种或多种颜色，这些颜色可以是相近色系，也可以是对比色系，以创造出不同的视觉效果。起始时，先使用第一种颜色在画纸上均匀涂抹，待其干燥后，再在其上叠加第二种颜色。关键在于控制叠加时的笔触力度和角度，避免颜色混合过于生硬或模糊。通过调整叠加的顺序和次数，可以获得多样的色彩效果和层次感。色彩叠加练习不仅有助于掌握色彩混合的规律，还能激发创造力，为后续的绘画创作打下坚实基础。

色彩叠加是丰富画面层次和色彩的重要技法。叠加时需注意顺序，先浅后深，因为浅色覆盖力弱，深色覆盖力强。例如先铺一层淡黄色作为底色，再叠加橙色，能产生自然的色彩过渡效果，表现出物体的立体感和质感。叠加层数不宜过多，一般 2~3 层，以免颜色浑浊。

马克笔色彩叠加
笔触训练（叠加）
（笔者自绘）

5. 留白技巧

留白可表现物体的高光、反光等。在绘制前，提前规划好留白区域，也可以使用留白胶等工具辅助。比如绘制水面波光时，留出空白区域，再用马克笔围绕空白绘制周边色彩，能生动表现出波光粼粼的效果。

马克笔留白训练
（笔者自绘）

熟练掌握这些马克笔用笔技法，并通过不断练习，就能更好地发挥马克笔的特性，创作出精彩的手绘作品。

3.4　马克笔色彩体块训练

1. 确定光源方向

光源方向是决定光线与阴影效果的关键因素。在景观环境设计手绘中，常见的光源有自然光（如太阳光）和人造光（如灯光）。通常需要明确一个主要光源方向，以此为依据来绘制物体的受光面和背光面。例如，假设在一幅室外景观手绘中，设定太阳从左上方照射，那么画面中物体的左上方将是受光面，右下方则为背光面。通过清晰确定光源方向，能够保证整个画面光线与阴影的一致性，避免出现混乱的光影效果。

2. 绘制受光面与背光面

受光面通常用较浅的颜色或较亮的色调来表现，以体现光线的照射效果。根据物体的材质和表面特性，受光面的颜色可以有所变化。比如，光滑的金属表面受光后会产生强烈的高光，颜色接近光源色且非常明亮；而粗糙的石材表面受光后，颜色过渡相对平缓，高光不明显。背光面则用较深的颜色来绘制，其颜色不仅取决于物体本身的颜色，还受到环境光和反射光的影响。例如，在一个绿色草坪旁的建筑背光面，可能会因为草坪反射的绿色光而带有一些绿色调。在绘制受光面和背光面时，要注意两者之间的过渡区域，即灰面，通过色彩的渐变和笔触的变化来自然地表现出灰面，使物体的立体感更加真实。

3. 阴影的形状与大小

阴影的形状由物体的形状和光源的照射角度决定。在绘制阴影时，要准确描绘出阴影的轮廓，使其与物体的形状相匹配。例如，圆形的花坛在地面上的阴影形状也是圆形或椭圆形，其大小会随着光源与物体的距离以及物体与阴影投射面的距离而变化。光源距离物体越近，阴影越大；物体距离阴影投射面越远，阴影也越大。同时，阴影的颜色通常比背光面更深，以体现光线被遮挡的程度。在阴影的边缘

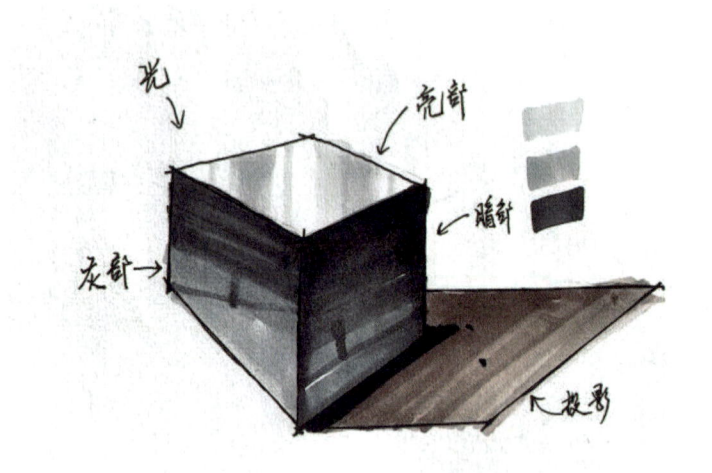

马克笔体块训练（笔者自绘）

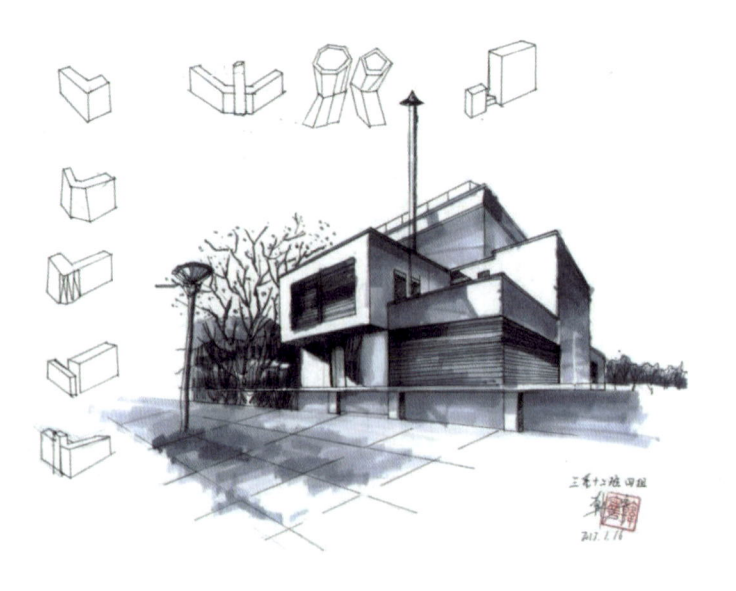

马克笔建筑体块训练（笔者自绘）

部分，可以适当虚化，表现出阴影的柔和过渡，增强画面的真实感。例如，在绘制一个路灯下的人物阴影时，人物的身体形状决定了阴影的大致轮廓，路灯的高度和位置决定了阴影的长度和方向，阴影的颜色从靠近人物的部分逐渐变浅，边缘部分模糊虚化，模拟出真实的光影效果。

思考与练习

（1）选择一支马克笔，从浅到深在纸上进行渐变涂抹，熟练掌握色彩渐变的技巧。然后，尝试用两种相近颜色的马克笔进行渐变过渡练习，如从柠檬黄到中黄。

（2）用不同颜色的马克笔进行叠加，观察叠加后的色彩变化和笔触效果。例如，先用蓝色平涂一层，再在上面叠加黄色，看看混合出的绿色效果与直接用绿色马克笔涂抹有何不同。

（3）场景速写：设定一个简单的场景，如公园一角、室内书桌等，快速用马克笔勾勒出场景轮廓，并运用色彩和笔触进行简单的表现，锻炼在短时间内捕捉场景氛围和色彩关系的能力。

第4章

景观材质手绘表现

学习目标

（1）系统了解景观环境设计中常见的各类材质，如石材、木材、金属、玻璃、植物等，熟悉它们的基本特性、外观特征以及在实际景观项目中的应用场景。

（2）深入掌握不同材质所呈现出的独特纹理规律，包括纹理的形态、走向、疏密程度等，理解这些纹理与材质本质属性之间的内在联系。

（3）能够将所学的纹理与材质绘制技巧熟练应用于实际的景观环境设计方案手绘表现中，通过精确的材质表达增强设计方案的可视化效果，有效传达设计意图。

4.1 景观材质概述

景观材质是构成景观空间的重要元素，不同的材质能带来不同的视觉与触觉体验，营造出丰富的景观效果。从自然材质（如石材、木材、水体）到人工材质（如混凝土、金属、玻璃等），每一种材质都有其独特的质感、色彩和纹理。

在景观环境设计中，合理地选择和运用材质，不仅能增强景观的美感，还能提升景观的功能性和耐用性。例如，石材因其坚硬的质地和丰富的纹理，常被用于铺设地面或作为景观墙体的材料；木材则因其温暖的手感和自然的色泽，常被用于构建休闲座椅或景观小品。

此外，材质的选择还需考虑与周围环境的协调性。在自然景观丰

4.2 景观材质表现的重要性

富的区域，使用自然材质能更好地融入环境；而在现代感强烈的区域，人工材质则能更好地体现现代感。因此，在景观环境设计过程中，材质的选择与运用是一个不可忽视的重要环节。

景观小品实景图（笔者自摄）

4.2 景观材质表现的重要性

在景观环境设计中，材质表现的重要性不言而喻。它不仅是设计师表达创意和设计理念的重要手段，也是连接观众与景观空间的情感纽带。材质的表现能够直接影响景观的整体氛围和人们的情感体验。通过巧妙地运用材质的色彩、纹理和质感，设计师可以营造出独特的景观效果，从而增强景观的吸引力和感染力。例如，使用光滑的金属材质可以营造出现代感和科技感，而使用粗糙的石材则能带来自然和

长河公园景观小品实景（笔者自摄）

53

质朴的感觉。此外，材质表现还能在景观环境设计中起到画龙点睛的作用。在一些关键的节点或景观焦点处，通过精心挑选和搭配材质，可以突出景观的亮点，提升景观的层次感和立体感。

4.3　景观材质分类手绘表现

在景观环境设计中，材质的分类表现同样至关重要。不同的材质因其独特的属性和特点，能够呈现出截然不同的景观效果。

常见的景观材质包括木材、石材、砖材、玻璃、金属等。木材以其温暖、自然的质感，常被用于营造温馨、舒适的景观氛围。石材则因其坚硬、耐用的特性，成为塑造景观轮廓和纹理的重要元素。砖材具有丰富的色彩和多样的纹理，使用砖材铺设地面、建造围墙等，能让整个空间充满岁月的韵味，而且砖材的拼接方式灵活多变，通过不同的排列组合，可以创造出各种富有创意的图案，进一步丰富景观的视觉层次。玻璃则因其透明、清澈的特点，能够营造出轻盈、通透的景观效果。金属以其现代感和科技感，适合用于打造具有未来感的景观作品。

不同景观材质表现（笔者自摄）

在运用这些材质时，需要充分考虑其色彩、纹理和质感等因素，以营造出符合设计理念和整体氛围的景观效果。同时，还需要注意材质的搭配和组合，以创造出丰富多变的景观层次和视觉效果。

4.3.1　木材

木材是景观环境设计中常用的材质之一，不同种类的木材具有不同的纹理特征。绘制木材纹理时，首先要确定木材的种类，如橡木的纹理较为粗犷，有明显的年轮和木射线；松木的纹理相对较直且均匀。首先用铅笔或彩铅轻轻勾勒出木材的大致形状和轮廓，然后用细腻的线条来描绘木材的纹理。线条的方向要与木材的生长方向一致，通过线条的疏密变化来表现木材纹理的深浅和质感。例如，在绘制一块木板时，用较深的线条表示木材的年轮和纹理的凹陷部分，用较浅的线条表示木材的表面。为了增强木材的质感，可以在纹理上适当添加一些颜色变化，如用棕色系的彩铅或马克笔表现木材的本色，用深色强调纹理的阴影部分，使木材看起来更加真实。

木材纹理实景（笔者自摄）

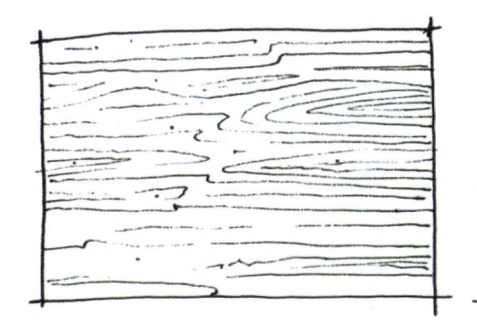

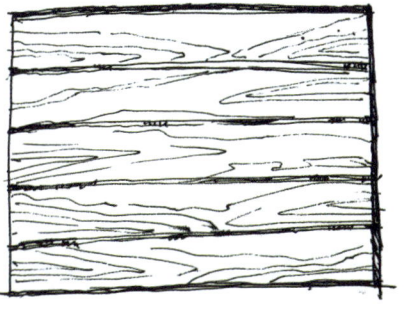

木材纹理线稿表现（笔者自绘）

木材纹理马克笔
表现（笔者自绘）

4.3.2 石材

石材的种类繁多，如大理石、花岗岩、砂岩等，每种石材都有独特的纹理和质感。大理石的纹理通常呈现出流畅的曲线和不规则的图案，花岗岩的纹理则较为粗糙且颗粒感明显，砂岩的纹理相对较为均匀且有一定的层次感。绘制石材纹理时，根据石材的种类选择合适的表现方法。对于大理石，可以用流畅的曲线和淡淡的色彩渐变来表现其纹理的流动感；对于花岗岩，用不规则的块状和颗粒状线条来体现其粗糙的质感；对于砂岩，用平行的线条和色彩的渐变来表现其层次感。在绘制过程中，要注意石材纹理的大小和分布规律，避免纹理过于均匀或杂乱无章。例如，在绘制一块大理石地面时，先用浅灰色水彩铺出底色，然后用深灰色彩铅或马克笔绘制出大理石的纹理，纹理的线条要流畅且有变化，通过色彩的叠加和渐变，使大理石的纹理更加生动逼真。

石材纹理实景
（笔者自摄）

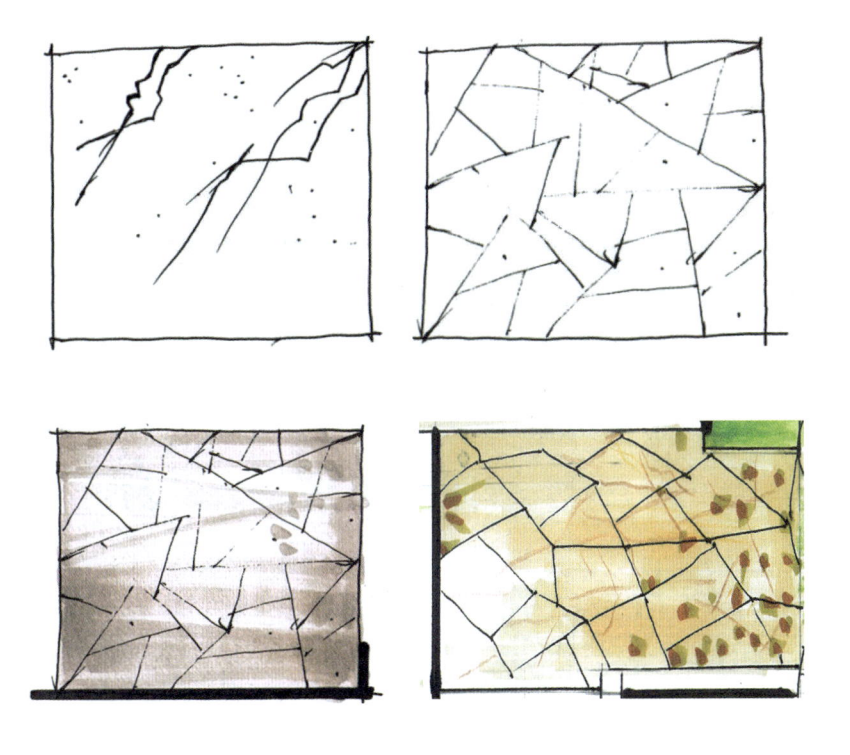

石材纹理线稿表现（笔者自绘）

石材纹理马克笔表现（笔者自绘）

4.3.3 砖材

1. 陶瓷砖

种类多样，有通体砖、釉面砖等。通体砖表面粗糙，防滑性能好，常用于室外人行道、停车场等；釉面砖色彩鲜艳、图案丰富，装饰性强，一般用于景观小品周边、室内外过渡区域等，但防滑性相对较弱，使用时需注意。

2. 透水砖

具有良好的透水性能，能使雨水迅速渗入地下，补充地下水，缓解城市内涝问题。常用于公园、广场、人行道等对排水要求较高的区域，材质多为水泥基、陶瓷基或再生骨料基。

砖材材质景观环境设计实景应用（笔者自摄）

3. 青砖

具有古朴的色泽和质感，常用于传统风格的园林、古镇街巷等，能营造出浓厚的历史文化氛围，一般由黏土烧制而成。

砖材纹理实景拍摄（笔者自摄）

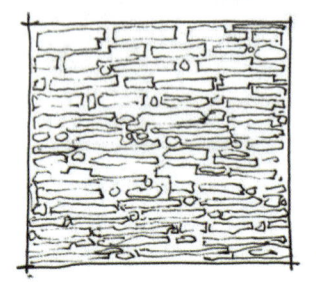

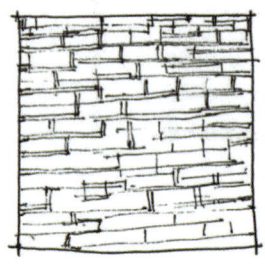

砖材线稿手绘表现（笔者自绘）

砖材材质马克笔手绘表现（笔者自绘）

4.3.4 玻璃

玻璃材质在景观环境设计手绘表现中具有独特的表现效果。它透明、光亮的特性使其在画面中能够营造出通透、灵动的氛围。在绘制时，要着重表现玻璃的反射和折射效果。对于透明玻璃，可通过较淡的笔触来体现其通透感，同时利用周围环境的色彩反射在玻璃表面，增强画面的真实感。对于有颜色的玻璃，要根据其颜色的深浅和透明

4.3 景观材质分类手绘表现

度，合理运用色彩和笔触来表现。在景观环境设计中，玻璃常被用于制作景观小品、隔断、幕墙等，手绘时要根据不同的应用场景，展现出玻璃材质的不同形态和质感。

玻璃材质景观环境设计实景应用（校宣传处拍摄）

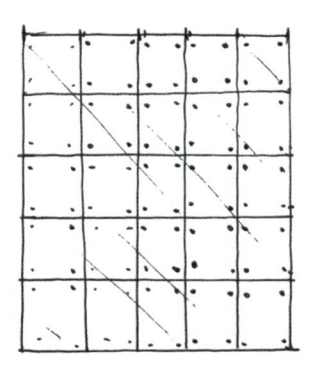

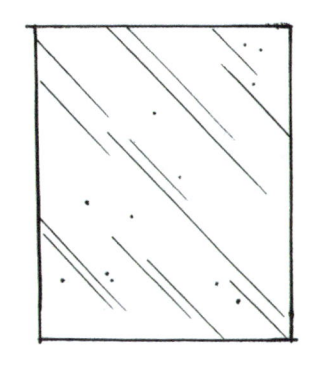

玻璃材质线稿手绘表现（笔者自绘）

玻璃材质材马克笔手绘表现（笔者自绘）

玻璃材质与周边环境融合马克笔表现效果（笔者自绘）

59

4.3.5 金属

金属材质具有光泽度高、反光强烈的特点。绘制金属材质时，首先要确定光源的位置和强度，因为光源直接影响金属的反光效果。用灰色系的色彩来表现金属的底色，根据金属的类型（如不锈钢、铜、铁等）选择合适的灰色调，如不锈钢通常用冷灰色，铜用暖灰色。然后，通过留白和高光来表现金属的反光和光泽。高光部分用白色或极浅的颜色来绘制，其形状和大小根据光源的角度和金属表面的平整度而定。在高光周围，用较浅的灰色来表现金属的亮部，逐渐过渡到较深的灰色表示暗部。同时，注意金属表面的反射效果，周围环境的颜色和物体可能会反射在金属表面，通过适当添加一些反射颜色来增强

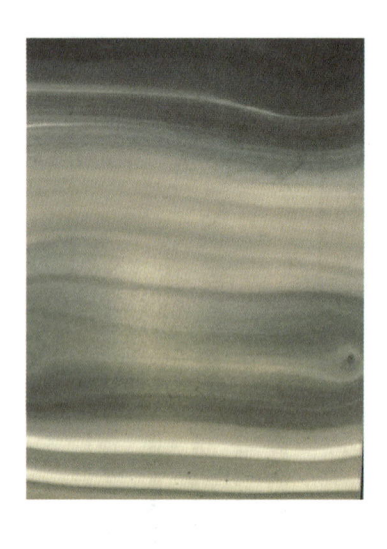

金属材质实景（笔者自摄）

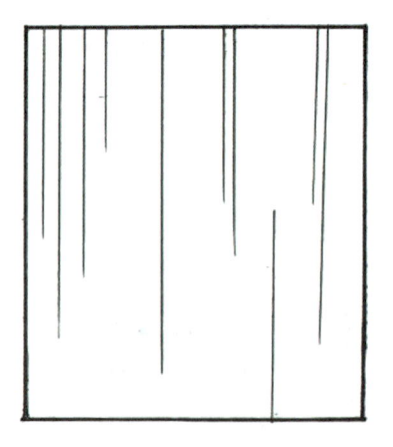

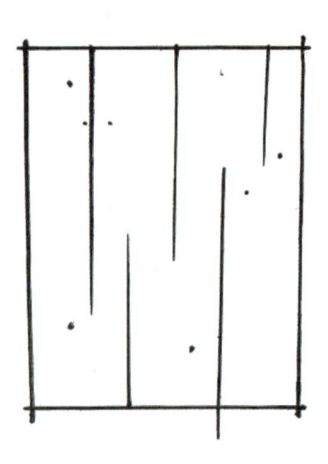

金属材质手绘表现（笔者自绘）

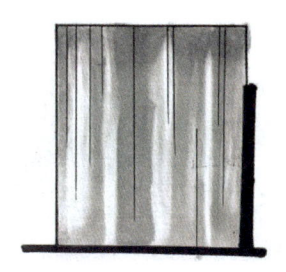

金属材质材马克笔手绘表现（笔者自绘）

金属的真实感。例如，绘制一个不锈钢雕塑时，先用冷灰色马克笔铺出底色，然后用白色彩铅或橡皮擦出高光，再用浅蓝色和浅紫色的彩铅在高光周围轻轻涂抹，表现出天空和周围环境在不锈钢表面的反射，使雕塑看起来更加具有金属质感。

4.4 景观材质表现实际应用

在景观环境设计中，材质的表现技法对于实现设计理念和提升景观品质至关重要。对于木材而言，通过精细的切割和打磨，可以展现其天然的纹理和色泽，再配合适当的防腐处理，可以延长其使用寿命，同时保持其自然美感。对于石材，可以采用雕琢、拼接等技法，突出其坚硬的质感和丰富的纹理，以营造出稳重、大气的景观氛围。金属则可以通过锻造、焊接等技法，塑造出独特的形态和线条，展现出其现代感和科技感。而玻璃则可以通过切割、磨边、喷砂等处理手法，创造出透明或半透明的效果，为景观增添轻盈和通透感。塑料则因其灵活性和可塑性，可以通过注塑、挤压等工艺，制作出各种形状和颜色的景观小品和装饰物。

在实际应用中，需要根据不同的场景和需求，灵活运用这些表现技法，将材质的特点和美感充分发挥出来，以营造出既符合设计理念又满足实际需求的景观效果。同时，还需要注重材质的环保性和可持续性，选择对环境影响小、可循环利用的材质，为打造绿色、生态的景观环境贡献力量。

第 4 章　景观材质手绘表现

材质在实际景观项目中的应用表现（笔者自摄）

思考与练习

（1）分析一幅优秀的景观手绘作品中，材质纹理的表现是如何与整体画面的构图、色彩相协调，从而提升作品艺术审美价值的？

（2）练习任务：通过查阅资料和实地观察，选择三种不同类型的材质，记录它们的特性，并分别列举出至少三个适合使用该材质的景观环境设计场景。

第 5 章

景观元素手绘表现

学习目标

（1）熟练掌握各类植物的手绘技法，能够准确表现不同植物的形态、特征与质感。

（2）学会建筑物与构筑物的手绘表现方法，包括建筑的外形、结构以及构筑物的风格特点。

（3）掌握水体与地形的绘制方法，生动展现水体的动态与地形的起伏变化。

5.1 植物景观

在景观环境设计领域，植物元素扮演着至关重要的角色，是构成景观的基本要素。植物手绘的初始步骤涉及对植物基本形态结构的观察与理解。每种植物都拥有其独特的生长习性和外观特征，例如乔木、灌木、草本植物等。通过细致地观察实际植物或高质量的参考资料，学生能够捕捉到植物的主干、枝条、叶片等关键特征。在掌握了植物的基本形态之后，接下来的步骤是利用线条勾勒出植物的轮廓。对于乔木，通常先绘制主干和主要枝干，随后逐步补充细小的枝条和叶片。而灌木的绘制则多从整体轮廓开始，先勾勒出大致形状，再逐步丰富细节。至于草本植物，表现手法则需要更为细腻和流畅的线条。

色彩运用在植物手绘中占据着举足轻重的地位。植物在不同季节和光照条件下展现出色彩变化多端，需根据项目需求挑选恰当的色彩方案。纹理的描绘是植物手绘的核心所在，不同植物的叶片、树皮、花朵等均具有其独特的纹理特征，可以通过运用点、线、面等基本元素来展现植物纹理的丰富性。研究光影效果的处理能够显著增强植物手绘的立体感和真实感。通过观察光源方向，在适当的位置添加明暗对比，可以使植物形象更加饱满和生动。植物群落的表达也是景观环境设计手绘中的关键技巧之一。通过合理安排植物的疏密、处理前后层次，能够创造出自然和谐的植物群落效果。植物手绘技巧的掌握是一个需要长期练习和积累的过程。通过持续的观察、实践和创新，能够逐步提高植物手绘表现技巧，为景观环境设计方案注入更多活力和说服力。

5.1.1 乔木

乔木具有独特的形态和结构，在进行乔木手绘表现时，要着重把握其树干、树枝和树冠的特征。树干通常较为粗壮且纹理明显，可运用粗线条和深浅变化来展现其沧桑感和立体感。树枝的生长形态多样，有弯曲、伸展等不同姿态，绘制时要注意其分布的疏密和层次感。而树冠则是乔木的重要视觉特征，不同种类的乔木树冠形状各异，如圆形、锥形、伞形等，需精准描绘其轮廓和光影效果。可以采用渐变的色彩来体现树冠的厚度和体积感，利用光影的对比突出其立体感。

乔木实景图（校宣传处拍摄）

5.1 植物景观

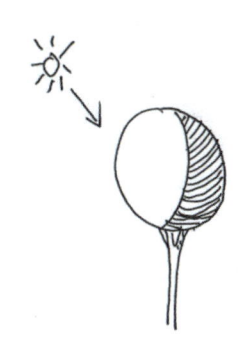

乔木光影关系分析（笔者自绘）

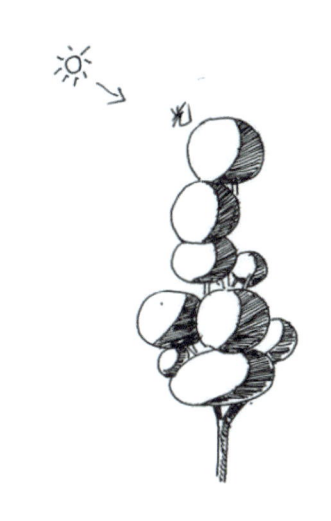

乔木结构关系分析图（笔者自摄）

乔木手绘表现（笔者自绘）

65

第5章 景观元素手绘表现

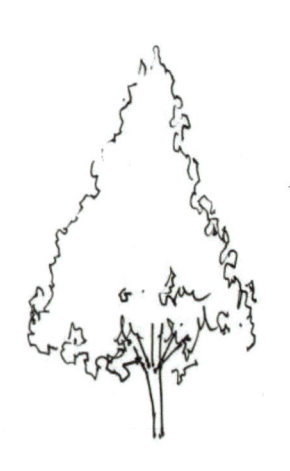

左图 乔木实景图（笔者自摄）

右图 乔木外轮廓手绘表现（笔者自绘）

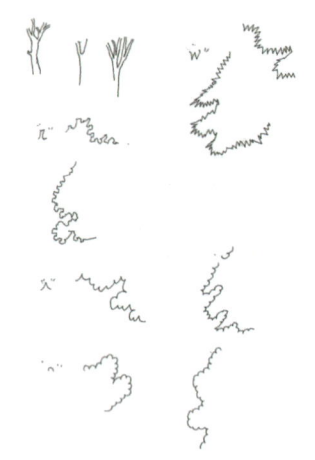

不同形状的乔木线条表现（笔者自绘）

单体乔木马克笔手绘表现（笔者自绘）

66

5.1 植物景观

乔木组合练习（笔者自绘）

5.1.2 灌木

灌木在景观环境设计手绘中有着独特的表现方式。与乔木不同，灌木较为低矮且形态更为丰富多样，其手绘表现需要注重细节和层次感。在绘制时，要先勾勒出灌木大致的外轮廓，其轮廓可以是圆润的、不规则的或者带有一定几何形状。接着描绘内部的枝干结构，枝干线条要相对细小且有一定的曲折变化，展现出自然生长的状态。对于叶片的表现，可以采用点、线结合的方式，用小的圆点或短线代表叶片，通过疏密分布体现出灌木的繁茂程度。同时，利用不同深浅的颜色来表现光影效果，增强立体感。还可以添加一些落花或新芽等元素，使画面更加生动。

灌木马克笔手绘表现（笔者自绘）

灌木马克笔手绘表现（笔者自绘）（续）

5.1.3　草本植物

　　地被植物具有种类丰富、覆盖性好的特点，在手绘时，可先勾勒出地被植物大致的轮廓范围。对于草本类地被，用轻柔的曲线来表现它们细长的叶片，线条要流畅自然，体现出植物的柔软质感。可以多画一些线条的交织，以展示其生长的密集状态。在颜色运用上，选择清新的绿色系，如淡绿、草绿等，通过不同深浅的颜色叠加来表现光影和层次感。在表现地被植物的边界时，可以采用渐变的方式，使它与周围的环境自然融合，营造出和谐的景观氛围。

　　地被植物种类繁多，形态各异，在手绘时要把握好其不同的特征。对于低矮密集的地被植物，可使用轻柔的笔触和渐变的色彩来描绘，以展现其覆盖地面的质感。

5.1 植物景观

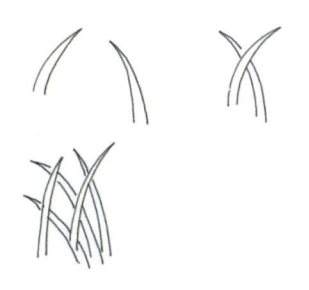

草本植物实景拍摄（笔者自摄）

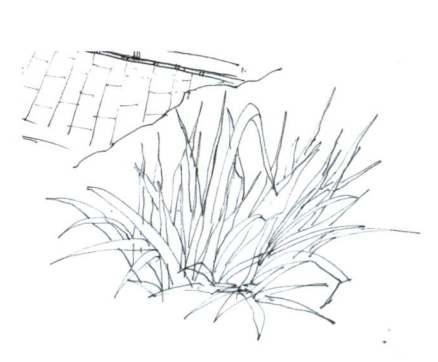

草本植物手绘表现（笔者自绘）

草本植物马克笔手绘表现效果图（笔者自绘）

69

5.2 水体景观

水体景观的手绘表现主要分为静态水体和动态水体两类。

水体景观在园林设计中非常重要，不仅美观，还有生态和功能作用。常见的类型包括静水、动水、自然水景和人工水景等。但需要更详细的分类，比如池塘、湖泊、瀑布、喷泉、溪流、水池、湿地、镜面水景、跌水、旱喷泉等。

公园水体景观实景图（笔者自摄）

静态水体如湖泊、池塘等，其表现重点在于体现水面的平静与倒影。绘制时，可采用横向或斜向的平行线条来表现水面，线条要轻且均匀。水面倒影的绘制则需要观察周围环境，将建筑、植物等倒置绘制于水中，注意颜色要比实物略淡，线条也要更为柔和。

校园水景图（校宣传处拍摄）

5.2 水体景观

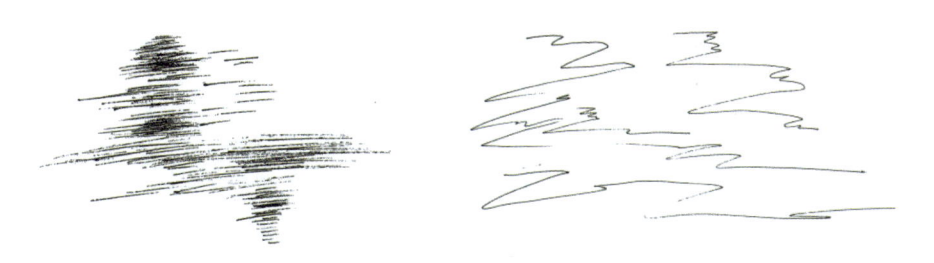

静态水体稿手绘表现图（笔者自绘）

静态水体马克笔表现（笔者自绘）

动态水体如溪流、瀑布等，则需要表现出水的流动感。可使用不规则的曲线来描绘水流，线条要有疏密变化，体现水的湍急与缓慢。瀑布的绘制尤其讲究层次感，可用垂直线条表现水的下落，底部加重笔触以示水花飞溅。

动态水体的描绘关键在于捕捉水的流动感和生命力。为了表现水流的连续性和动感，可以使用快速而有力的笔触，形成一系列相连或交错的曲线。这些曲线应当流畅而富有弹性，仿佛能够传达出水流的能量和节奏。

在描绘瀑布或溪流时，可以利用线条的粗细变化和密集程度来表现水流的冲击力和速度。瀑布的落差可以通过垂直的线条和强烈的对比来强调，而溪流则可以通过细腻的曲线和逐渐加深的色调来体现其蜿蜒流淌的特点。同时，不要忘记在水流撞击石头或地面时，添加一些飞溅的水滴或水花，以增加画面的生动感和真实感。

如喷泉、跌水等水景小品，是景观中的灵动元素。手绘喷泉时，要表现出水流的喷射方向、水花的形态和水雾的效果。可以用曲线和波浪线来描绘水流的动态，通过留白和渐变的色调表现水花的晶莹剔透。对于跌水，要注重水流的层次感和落差的表现，以及水流与周围石材、植物等元素的结合，营造出自然、优美的水景氛围。

此外，动态水体的色彩处理也至关重要。虽然水本身是无色的，但受到光线、环境和周围物体的影响，它会呈现出丰富的色彩变化。因此，在绘画时，要仔细观察并准确捕捉这些色彩变化，通过巧妙的色彩搭配和过渡，使画面更加立体和生动。

动态水体线稿表现图（笔者自绘）

动态水体线稿表现图（笔者自绘）（续）

动态水体马克笔表现图（笔者自绘）

水体与周边环境融合马克笔表现（笔者自绘）

5.3　石头景观

在石头景观的手绘设计表现中，首先要注重石头的质感表现。不同种类的石头有着不同的纹理和色彩，这些特点需要通过细腻的笔触和色彩搭配来准确呈现。例如，坚硬的石灰岩可以用直线和锐角来描绘其棱角分明的特点，而柔软的砂岩则可以用柔和的曲线和渐变色彩来表现其温润的质感。

在构图上，要注意石头与周围环境的融合。石头可以作为景观中的点缀，也可以作为主体来突出表现。在绘制时，要根据设计需求选择合适的构图方式，使石头与水体、植物等元素相互呼应，共同构成和谐的景观画面。

光影效果也是石头景观手绘表现中不可忽视的一环。通过巧妙的光影处理，可以增强石头的立体感和质感，使画面更加生动逼真。在绘制时，要注意观察实际场景中的光影变化，通过明暗对比和色彩过渡来准确表现光影效果。

石头景观实景图
（笔者自摄）

光滑石材质感的表现需要运用流畅、细腻的线条。先用较淡的长线条勾勒出石材的轮廓，再用均匀的排线来塑造其光影，注意高光部分留白，通过线条的渐变来表现出光滑表面的反光效果，让石材看起来平整且有光泽。

绘制粗糙石材表面时，用不规则且抖动的线条来表现其表面的凹凸不平。线条方向可以随意一些，长短也不一致，通过线条的疏密变化体现石材表面的光影变化，比如在受光面线条稀疏，背光面线条密集。同时，用短而粗的线条强调石材的边缘和裂缝，让其质感更加逼真。

5.3 石头景观

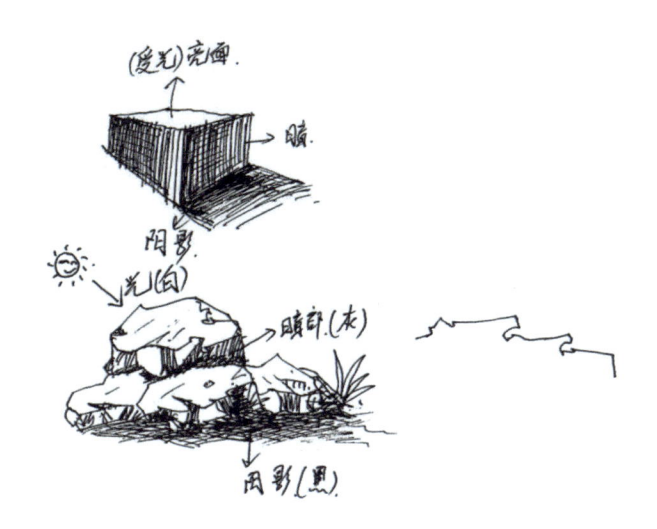

石头光影分析图
（笔者自绘）

左图 植物园石
头场景图（笔者
自摄）

右图 石头手绘
表现（笔者自绘）

石头水景组合手绘
表现（笔者自绘）

第 5 章 景观元素手绘表现

石头造型组合手绘示范（笔者自绘）

石头组合手绘表现（笔者自绘）

5.4 天空景观

天空实景效果(笔者自摄)

天空手绘表现(笔者自绘)

5.5 景观小品

景观小品是园林设计中不可或缺的元素，它们不仅丰富了景观的层次感，还增添了艺术气息。在手绘表现中，我们需要注重建筑小品的形态、材质以及光影效果，以展现其独特的魅力。

景观小品作为景观环境设计中的点睛之笔，景观小品不仅具有实用功能，还承载着美化环境、丰富空间层次、引导视线与行为路径等多重作用。它们以小巧精致的形态融入自然景观或城市空间之中，成为连接人与自然、艺术与生活的桥梁。景观小品的设计往往融合了设计师的创意与对环境的深刻理解，通过独特的造型、材质与色彩运用，营造出既和谐又富有特色的视觉效果。无论是用于休憩的座椅、照明用的灯具，还是装饰性的雕塑、指示牌等，景观小品都在以其独有的方式诉说着空间的故事，提升着整体环境的品质与韵味。

亭子手绘表现（郑帅绘制）

校园石景手绘表现（笔者自绘）

5.5 景观小品

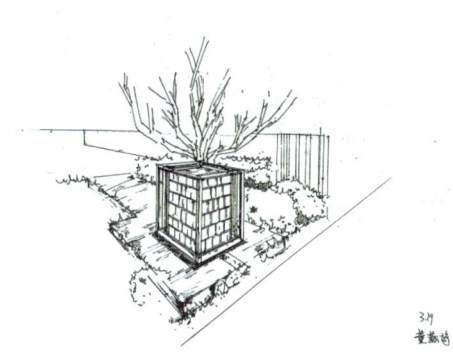

景观灯手绘表现
（董燕婷绘制）

景观地灯手绘表现（张哲绘制）

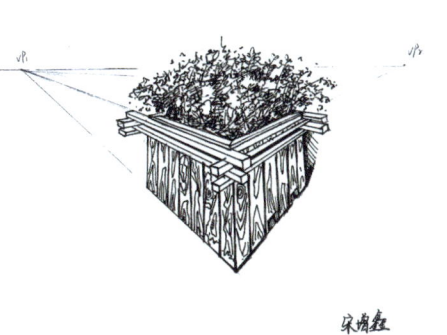

花箱手绘表现
（宋增鑫绘制）

79

廊架手绘表现（刘瑞绘制）

思考与练习

（1）选择3～5种不同的景观元素进行单体绘制，如一棵树、一块石头、一个路灯等。每种元素绘制3～5遍，重点关注线条的表现和形状的准确性。

（2）对于每种景观元素，收集至少5张不同角度、不同风格的参考图片，分析其特点后进行临摹练习。完成临摹后，尝试默写该景观元素。

第6章 景观环境设计图纸手绘表现

学习目标

（1）清晰掌握景观平面图的完整绘制步骤，从基础框架搭建到细节完善。

（2）精准运用比例尺与图例，确保平面图准确传达设计信息。

（3）熟练掌握植物配置图的表现技法，合理呈现植物种类、布局与搭配。

（4）学会功能分区图的绘制方法，清晰划分不同功能区域并突出其特点。

（5）全面掌握景观立面图的绘制要点，精准呈现景观元素在垂直方向的形态、高度与材质等信息。

（6）熟练运用景观剖面图的表现技巧，清晰展示景观内部结构与空间关系。

（7）学会将景观立面图与剖面图有机结合应用，深化对景观环境设计的理解与表达。

第 6 章　景观环境设计图纸手绘表现

6.1　平面图绘制技巧

景观平面图手绘设计（笔者自绘）

6.1.1　平面图的绘制步骤

在景观环境设计中，平面图是最基础也是最重要的表现形式之一。它能够直观地展示整个设计方案的布局和空间关系。平面图的绘制步骤如下：

（1）确定场地范围与方向。开始绘制景观平面图前，先明确场地的边界范围。使用直尺等工具，轻轻画出代表场地边界的线条，可根据实际地形选择矩形、不规则多边形等形状。同时，确定绘图的方向，通常会标注指北针，明确图纸的方位，方便后续对场地内各元素的布局规划。例如在绘制一个城市公园平面图时，依据公园的实际边界形状确定绘图范围，并在图纸一角绘制指北针，使观者能直观了解公园的朝向。

（2）绘制基线。基线是构建平面图的重要基础，它为确定其他景观元素的位置提供参照。常见的基线有道路中心线、建筑外墙线等。比如以公园内主要道路的中心线作为基线，用铅笔仔细绘制，线条要保持笔直、连贯，确保其准确性，因为后续如广场、停车场等元素的位置都将基于这条基线进行定位。

（3）绘制建筑与构筑物。依据设计方案，按照一定比例在基线上方或合适位置绘制建筑与构筑物。运用之前所学的建筑外形绘制技巧，准确勾勒出建筑的轮廓，包括墙体、门窗等细节。对于构筑物，如亭子、廊架等，同样要精确绘制其形状与结构。例如在公园平面图中绘制一座服务中心建筑，先画出建筑的矩形轮廓，再细致添加门窗位置与形状，同时在旁边绘制一个亭子，注意亭子与建筑之间的位置关系和比例协调。

（4）绘制道路与铺装。公园内的道路包括主干道、次干道和游步道等。主干道一般较宽，用较粗的线条绘制，次干道和游步道线条相对较细。绘制道路时要注意其走向和连接关系，确保人流能够顺畅通行。道路的交叉点、转弯处要绘制清晰。对于铺装部分，如广场的地砖铺装、步行道的材质变化等，通过不同的线条图案或填充方式来区分。比如用平行直线表示石板铺装，用网格表示鹅卵石铺装，以体现不同铺装材质的特点。

（5）绘制植物。根据植物配置方案，在相应位置绘制植物。先确定大型乔木的位置，用圆形或椭圆形代表树冠轮廓，标注植物名称或编号。对于灌木，可以用较小的形状表示，注意植物之间的疏密关系和组团效果。例如在公园的休闲区，绘制几棵高大的槐树作为遮阴乔木，周围搭配一些灌木丛，形成错落有致的植物景观。

（6）添加细节与标注。完善平面图的细节部分，如景观小品（雕塑、座椅等）、垃圾桶、路灯等设施的位置与形状。同时，对各景观元素进行标注，包括名称、尺寸、材质等信息。尺寸标注要准确，使用尺寸线和数字清晰表示，材质标注则用简洁文字说明，方便理解设计意图。

6.1.2 比例尺与图例的运用

1. 比例尺

（1）选择合适比例尺。比例尺用于表示图纸上的尺寸与实际场地尺寸的比例关系。常见的比例尺有1∶100、1∶200、1∶500等。选择比例尺时，要综合考虑场地大小和图纸尺寸。对于较小的场地，如庭院景观，可选用较大比例尺（如1∶100），这样能更详细地展示设计细节；对于大型场地，如城市公园、风景区等，通常选用较小比例尺（如1∶1000或1∶2000），以便在有限的图纸上呈现整个场地的全貌。例如绘制一个面积较小的社区花园，选用1∶100的比例尺，能清晰展现花园内每一处植物、小品的尺寸和位置；而绘制一个大型城市公园时，1∶1000的比例尺能使公园的整体布局完整呈现在图纸上。

（2）比例尺的换算与应用。一旦确定比例尺，就要准确进行尺寸换算。比如比例尺为1∶200，图纸上1cm代表实际场地中的200cm（2m）。在绘制过程中，如果设计方案中某段道路实际长度为40m，那么在图纸上应绘制为20cm（40m÷2m/cm=20cm）。在标注尺寸时，也要依据比例尺进行换算，确保标注的尺寸与实际尺寸对应准确，为施工提供可靠依据。

2. 图例

（1）设计简洁明了的图例。图例是对平面图中各种景观元素符号的解释说明。一个好的图例应简洁、直观，易于理解。常见的景观元素在图例中都有对应的符号，如圆形代表乔木，三角形代表指示牌，矩形代表建筑等。对于一些特殊的景观元素或自定义的符号，要在图例中详细说明。例如在一个具有独特设计风格的景观项目中，设计了一种特殊形状的景观小品，就需要在图例中单独绘制该小品的符号，并标注其名称和相关说明。

（2）合理布局图例。图例一般放置在图纸的一角，通常是右下角或左下角，位置要醒目且不影响平面图主体内容的展示。同时，要按照一定的逻辑顺序排列图例，比如先排列建筑类符号，再排列植物类、道路类、设施类等符号，使观者能够快速找到所需信息。图例的字体要清晰、大小适中，符号与文字说明要对应准确，避免产生混淆。

6.1.3 植物配置图的表现技法

植物是景观环境设计中的重要组成部分。在平面图中，通常使用符号来表示不同类型的植物。例如，圆形可以代表乔木，小点可以表示灌木，波浪线可以表示草坪区域。这有助于快速识别和理解植被配置。

左图　校园平面图（校宣传处拍摄）

右图　植物平面表现图

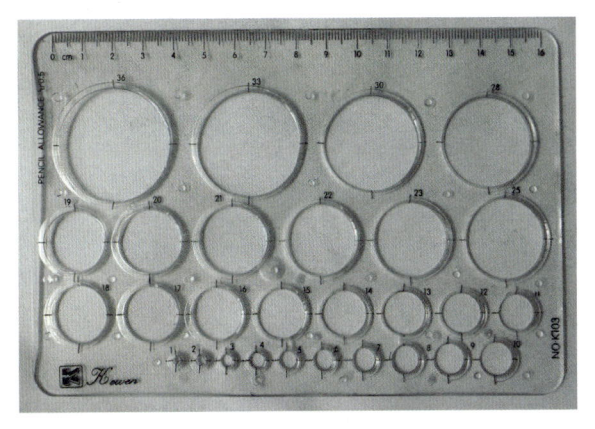

圆模板（笔者自绘）

1. 绘制植物轮廓

在植物配置图中，用简洁的图形表示植物的树冠轮廓。乔木通常用较大的圆形或椭圆形表示，灌木用较小的不规则形状表示。对于一些特殊形状的植物，如球形灌木、锥形乔木等，要尽量准确地描绘其形状特征。绘制时线条要流畅，树冠轮廓的大小要符合植物的实际生长尺寸，同时考虑植物在成年后的生长空间，避免过于紧凑或稀疏。例如绘制一片由雪松（锥形乔木）和黄杨球（球形灌木）组成的植物群落，雪松的树冠轮廓用锥形表示，黄杨球用圆形表示，且根据其生长特性合理安排两者之间的间距。

2. 标注植物名称、数量与规格

在每个植物轮廓旁边，标注植物的名称，名称要准确规范，可使用植物的学名或常用俗名。同时，标注植物的数量，对于成组种植的植物，要明确每组的数量。另外，标注植物的规格，如乔木的胸径、高度，灌木的冠幅等信息。这些标注信息对于施工人员准确采购和种植植物至关重要。例如标注一棵银杏树，注明"银杏，数量：5，胸径：15cm，高度：6~8m"，为后续施工提供详细的植物参数。

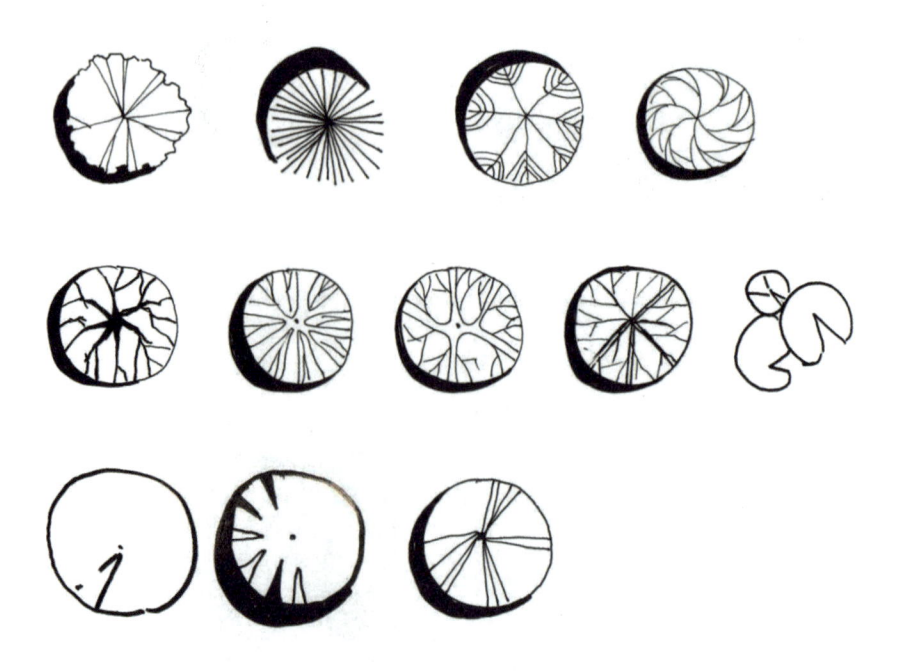

乔木平面图表现技法（笔者自绘）

3. 体现植物的布局与搭配关系

通过植物轮廓的排列和组合，体现植物的布局方式。植物配置应遵循一定的设计原则，如高低错落、疏密有致、色彩搭配协调等。在绘制时，要注意不同植物之间的层次关系，高大的乔木位于后方或中心位置，低矮的灌木和花卉分布在前方或周边。同时，考虑植物的季相变化，将不同季节开花、变色的植物合理搭配，使景观在不同时间段都具有观赏性。

植物的布局与搭配表现技法（笔者自绘）

6.1.4 功能分析图的绘制方法

1. 确定功能分区

根据景观环境设计的总体目标和使用需求，划分不同的功能区域，如休闲区、活动区、观赏区、生态保护区等。在划分功能区时，要考虑场地的地形、周边环境以及人流走向等因素，使功能区的布局合理、流畅。例如在一个综合性公园设计中，将靠近入口且地势平坦的区域划分为活动区，设置广场、健身设施等；将有优美自然景观的区域划分为观赏区，布置观景台、步行道等。

2. 用不同线条、色彩区分各功能区域

为了清晰区分不同功能区，采用不同的线条或色彩进行绘制。线条方面，可用粗实线表示主要功能区边界，细虚线表示次要功能区边界或过渡区域。色彩方面，为每个功能区选择一种主色调，如休闲区用绿色（代表自然、放松），活动区用橙色（代表活力、热情），观赏区用蓝色（代表宁静、优美）等。通过色彩和线条的组合，使观者能直观地识别各个功能区。例如在功能分区图中，用绿色填充休闲区，并在边界处绘制粗实线；用橙色填充活动区，边界处同样用粗实线，这样两个功能区的区分一目了然。

3. 标注功能区名称与简要说明

在每个功能区内，标注其名称，名称要简洁明了，能够准确反映该区域的功能特点。同时，可添加简要说明，阐述该功能区的主要设施、活动内容或设计意图等。标注的文字要清晰、大小适中，位置要合理，避免与其他图形元素冲突。比如在生态保护区功能区内，标注"生态保护区"，并简要说明"此区域保留自然生态植被，禁止大规模开发建设，用于生态科普教育和自然保护"，使观者对该功能区有更深入的了解。

6.1 平面图绘制技巧

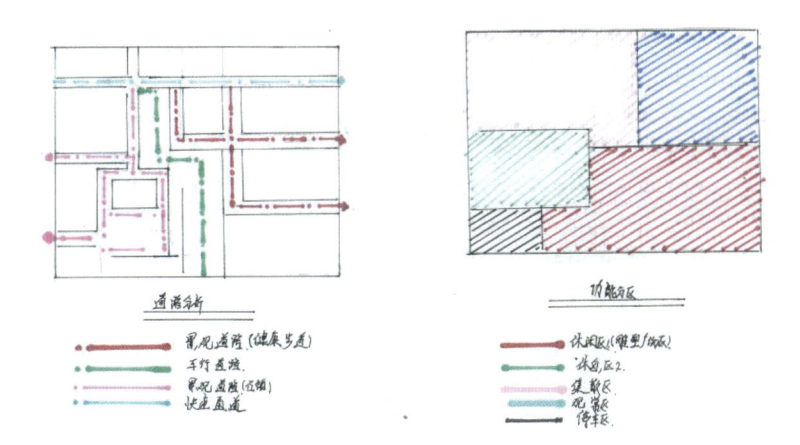

功能分析图（笔者自绘）

4. 平面图示范绘画

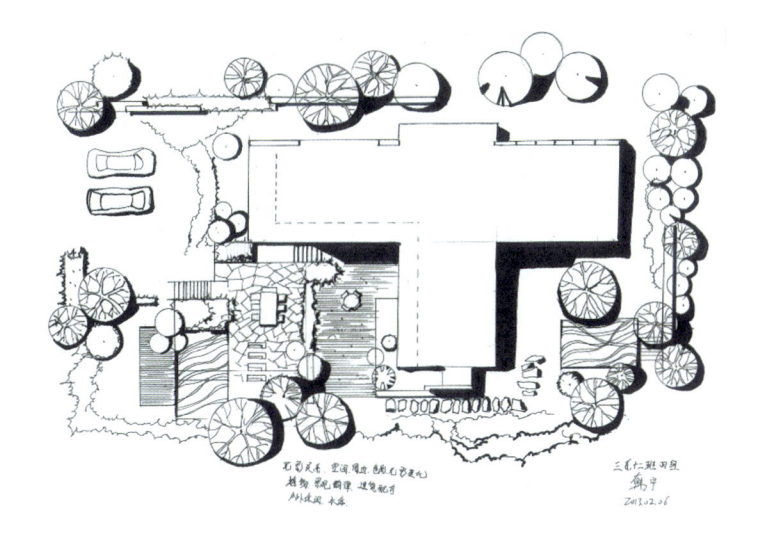

景观环境设计平面图手绘表现（笔者自绘）

第 6 章 景观环境设计图纸手绘表现

景观环境设计平面图手绘表现（笔者自绘）（续）

景观环境设计平面图手绘表现（笔者自绘）（续）

6.2 立面图与剖面图的表现方法

在景观环境设计领域，立面图与剖面图是不可或缺的表现手法。

立面图是从正面或侧面观察景观元素的二维表现，它能够清晰地展示建筑物、植物和其垂直构筑物的高度、比例和细节。在手绘立面图时，设计师通常从确定主要轮廓线开始，逐步添加细节和纹理。为了增强立面图的空间感，可以运用透视原理，将远处的元素略微缩小，近处的元素稍作放大。同时，利用线条粗细的变化可以突出重点区域，细线勾勒远景，粗线强调前景，从而创造出层次感。

剖面图则提供了景观环境设计的垂直剖切视图，展示了地形、建筑和植被的高度关系以及地下结构。在绘制剖面图时，首先要确定剖切线的位置，这通常选择能够最大程度展示设计要点的部分。色彩的运用对立面图的表现效果至关重要。在绘制时，可以先用淡色调打底，然后逐层叠加深色，以营造出丰富的色彩层次。植物的表现尤为关键，通过不同的笔触和色彩变化，可以区分出乔木、灌木和地被植物的特征。

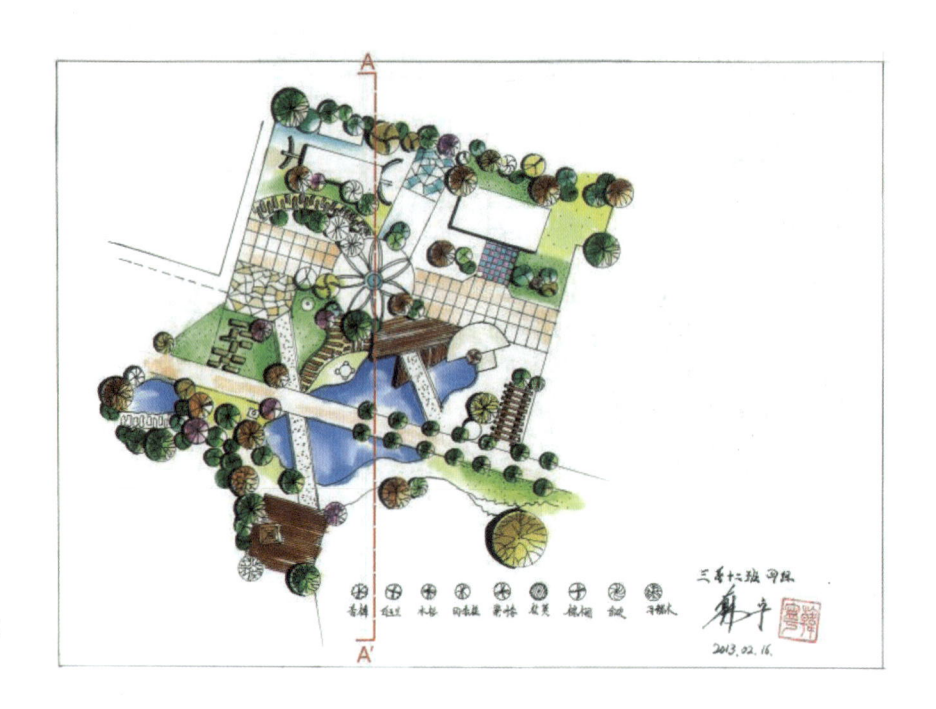

剖切线画法（笔者自绘）

手绘剖面图时，地形线条的处理尤为重要。可以使用不同粗细和深浅的线条来表现地形的起伏变化，同时在地形线上方添加植物和建筑的剖面表现。为了增强可读性，通常会使用不同的线型或填充方式来区分不同的材质，如用点状填充表示土壤，斜线填充表示混凝土等。

在剖面图中表现植物时，需要注意植物的生长特性和根系发展。这不仅能够表现植物与地形的关系，还能为后续的种植设计提供参

立面图、剖面图手绘表现（笔者自绘）

考。此外，剖面图中的比例尺至关重要，通常会在图纸底部标注清晰的比例尺，以确保各元素之间的比例关系准确。

立面图和剖面图的手绘表现是景观环境设计中不可或缺的技能，它们共同构建了项目的垂直维度表达。通过手绘表现，设计师能够将抽象的概念转化为直观的视觉图像，有效地传达设计意图。

思考与练习

（1）简述景观环境设计平面图和立剖面图各自的作用及相互关系。

（2）绘制立剖面图时，如何确定剖切位置？应遵循哪些原则？

（3）请列举至少三种在景观平面图中常用的图例符号，并说明其代表的内容。

（4）给定一个简单的公园场地平面图（包含主要道路、广场、水体轮廓），请绘制出一条合理的剖切位置线，并绘制相应的立面图、剖面图，展示地形、主要景观设施（如亭子、挡土墙）在垂直方向上的结构。

（5）根据以下文字描述，绘制一个小型庭院的景观平面图：庭院入口在南侧，进门后有一条东西向的主路，主路北侧依次布置一个圆形花坛、一座方形亭子，亭子西侧连接一个小型的木质平台，庭院西北角有一片竹林，水体位于庭院东南部呈不规则形状。同时，标注主要尺寸和方向。

第 7 章 综合场景手绘实战

> **学习目标**
> （1）掌握景观环境设计手绘的快速表现技巧，能够在短时间内准确传达设计构思。
> （2）通过实际案例分析，深入理解景观环境设计手绘在不同项目阶段的应用与表现。

7.1 城市广场景观环境设计手绘

【项目背景】

该城市广场位于市中心商业区，旨在为市民和游客提供一个休闲、集会的公共空间，同时展现城市的文化特色。

1. 概念草图阶段

在最初的概念草图绘制中，运用简单的线条快速勾勒出广场的大致布局。确定了广场的主入口位置，用直线表示主要道路和步行道的走向。

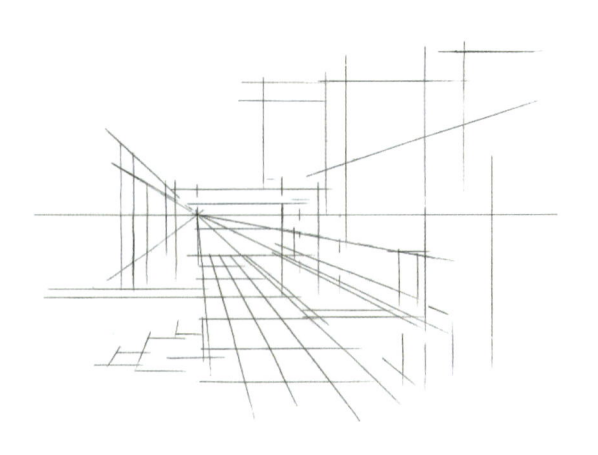

铅笔概念草图绘制

草图注重整体规划和功能分区的表达，线条简洁随意，主要用于记录设计灵感和初步构思，为后续深入设计提供基础。

绘制墨色线稿

2. 方案深化阶段

随着设计的深入，在方案深化阶段，手绘表现更加细致。开始绘制建筑小品的具体造型。

调整构图比例关系

对植物进行分类绘制，区分乔木、灌木和花卉，用不同的线条和形状表现其形态特征。同时，运用色彩初步表现光影效果，确定受光面和背光面，使画面具有一定的立体感。通过这一阶段的手绘，进一步完善设计方案，明确各个景观元素的具体形式和相互关系。

完善小品配置

刻画细节

丰富画面效果

3. 最终成图阶段

在最终成图中，综合运用各种手绘技巧，呈现出完整而精美的城市广场景观。运用细腻的线条和丰富的色彩，详细描绘广场上的每一个细节，如地面铺装的材质纹理、雕塑的造型和质感等。通过巧妙的光影表现，突出广场的空间层次和立体感，增强画面的生动性和真实感，展现出广场作为一个充满活力的公共空间的场景。

最终完成效果

7.2 校园景观手绘写生

【项目背景】

校园作为我们日常生活与学习的重要场所，其景观环境设计不仅影响着师生的使用体验，也是校园文化的重要载体。手绘写生作为一种直观且富有创造力的表现方式，能够深入挖掘校园景观的独特魅力，为校园景观的设计和优化提供宝贵的灵感来源。

在校园景观手绘写生的过程中，学生们通过实地考察和细致观察，能够深入了解校园景观的布局、风格以及各个景观元素之间的关系。这不仅有助于提升学生的审美能力和设计思维，还能够培养他们对环境的敏感性和观察力。同时，手绘写生也是一种有效的学习方式，能够让学生在实践中不断摸索和掌握手绘技巧，为未来的专业学习和职业发展打下坚实的基础。

1. 取景与构图

（1）选择角度。围绕校园大门口走动，观察不同角度的效果，选择一个能充分展现大门特色和景观布局的角度，比如可以选择能看到大门全貌以及两侧景观小品的位置。

（2）确定构图。可以使用取景框或用手来大致框取画面范围，考虑将大门主体放置在画面中心或黄金分割点附近，同时兼顾周围的环境元素，如绿植、道路、广场等，使画面看起来平衡且有重点。若大门有独特的造型或标志性元素，要确保其在画面中得到突出体现。

山东华宇工学院大门口景观（校宣传处拍摄）

2. 起稿勾勒

（1）轻绘轮廓。用 2B 铅笔轻轻地勾勒出校门的大致轮廓，从整体入手，先确定大门的高度、宽度以及在画面中的位置，再逐步画出两侧的门柱、门框、大门以及上方的牌匾等主要结构，注意线条要简洁流畅。

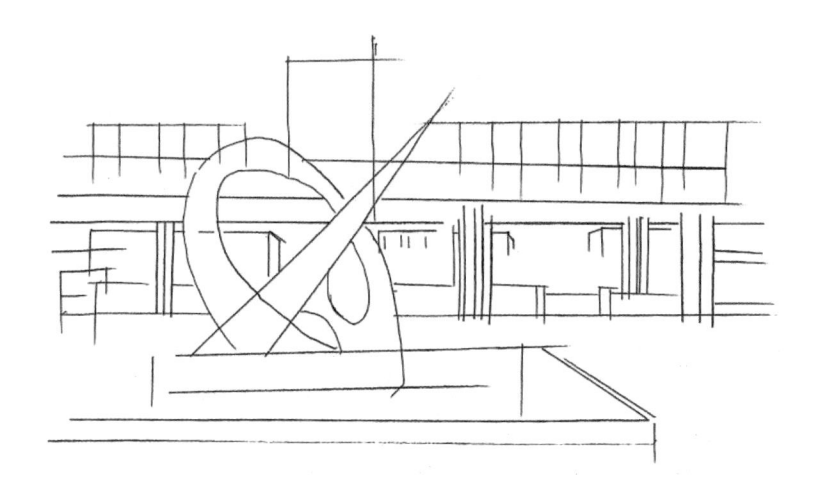

草图定型(笔者自绘)

（2）添加辅助元素。勾勒出与大门相关的周围环境，如门口的台阶、坡道、旁边的花坛、树木等，确定好它们与大门之间的位置关系和比例大小，注意近大远小的透视关系，让画面有空间感。整体观察画面，检查各个部分的比例、位置是否准确，线条是否连贯，对不合适的地方进行调整和修改。

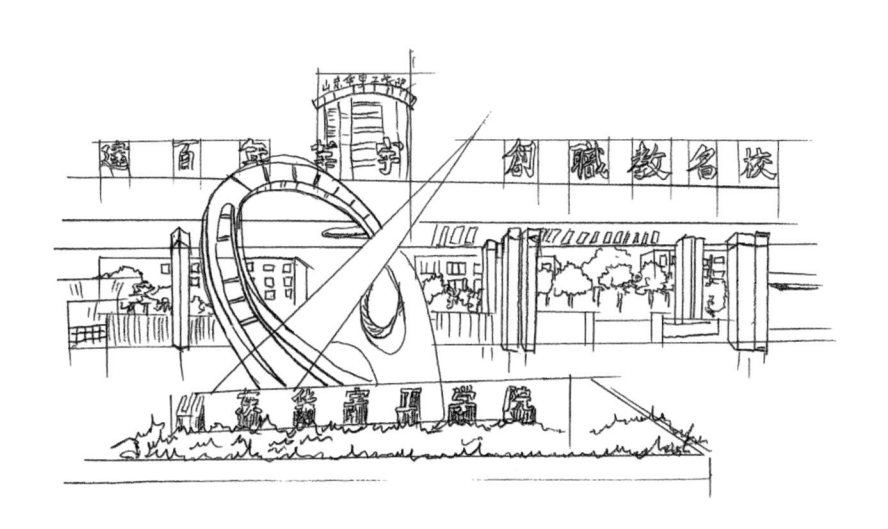

完善画面(笔者自绘)

3. 细节刻画

（1）刻画环境细节：对校园大门进行细致描绘，用较细的铅笔线条或针管笔来表现，线条的疏密和轻重可以体现出物体的质感和光影变化。描绘周围环境的细节，如树叶的形状、脉络，花坛里花朵的

第 7 章 综合场景手绘实战

形态，台阶的砖石纹理，地面的光影等，使画面更加丰富生动。对于远处的景物，细节可以适当简化，以突出画面的主次关系。

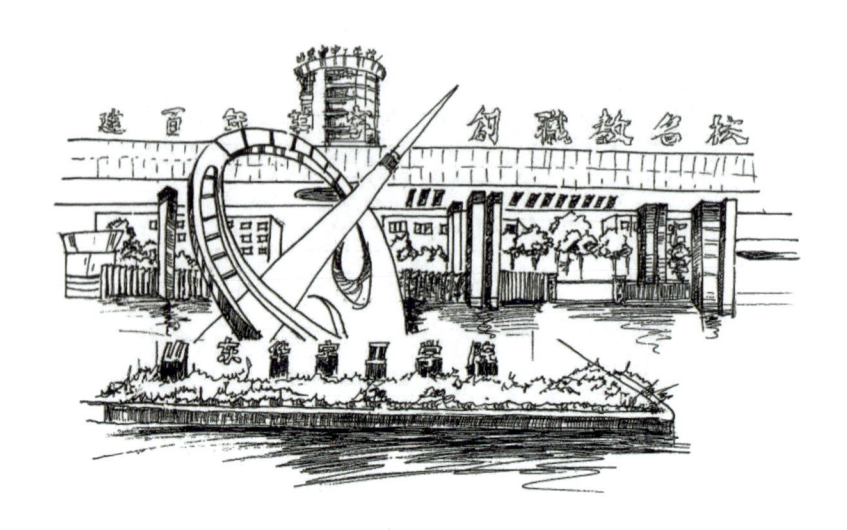

细节刻画（笔者自绘）

（2）表现光影效果。根据光源方向，确定物体的明暗面，用排线的方式来表现光影变化，排线的密度和力度要根据明暗程度进行调整，比如背光面的排线可以密集一些、颜色深一些，受光面则排线稀疏、颜色浅一些，以增强画面的立体感和层次感。

整体线稿完成（笔者自绘）

4. 上色完善

(1) 选择色彩。根据实际观察到的颜色,选择合适的颜料或彩铅等上色工具。选用灰色马克笔对画面的明暗关系进行表现。

明暗关系表现（笔者自绘）

(2) 平铺底色。用彩色马克笔结合彩铅先为画面的各个部分平铺一层底色,注意颜色要均匀,不要有明显的笔触痕迹,为后续的深入刻画打下基础。

马克笔基本颜色上色（笔者自绘）

（3）深入上色。在底色的基础上，进一步叠加颜色，加深暗部，提亮受光部，丰富色彩层次，可以通过色彩的混合和渐变来表现物体的立体感和质感，比如用不同颜色的彩铅叠加来表现树叶的光影和色彩变化。

丰富画面色彩（笔者自绘）

（4）细节调整与完善。检查画面整体的色彩效果，对不满意的地方进行最后的调整和完善，添加一些高光、反光等细节，使画面更加生动逼真，最后可以用橡皮擦去铅笔底稿的痕迹，让画面更加整洁。

完成效果图上色（笔者自绘）

思考与练习

（1）思考手绘在景观环境设计思维中的具体体现，结合自己的设计经历，举例说明手绘如何促进设计思维的拓展与深化。

（2）收集一个实际的景观环境设计项目资料，从概念草图阶段到最终成图阶段，按照案例分析中的方法，详细分析手绘在各个阶段的作用和表现特点，撰写一篇分析报告。

（3）在校园中选择一处复杂景观区域，尝试运用多种构图方法进行现场写生，对比不同构图下画面的稳定性、层次感和视觉冲击力，总结适合该场景的构图方式。

第8章

不同景观类型的手绘表现

学习目标

（1）理解景观元素特征：深入了解各类景观元素在不同景观类型中的独特特征，如自然景观中植物的生长形态、四季变化，人文景观中建筑风格的时代印记、地域特色等，并能在手绘创作中准确体现这些特征，使绘制的景观具有典型性和辨识度。

（2）学会色彩搭配运用：根据不同景观类型的氛围与特点，掌握恰当的色彩搭配原则，如自然景观多采用清新、自然的色调展现生机，历史人文景观常用沉稳、古朴的色彩体现底蕴。能够通过色彩的选择与调和，增强手绘作品的视觉冲击力与艺术感染力。

8.1 城市公园的手绘技法

城市公园的手绘技法需要综合考虑空间尺度、功能特征、色彩搭配、质感表现和光影效果等多个方面。通过熟练掌握这些技法，可以更加生动、准确地表现城市公园的设计意图和空间氛围。色彩是城市公园手绘中最能体现生机和活力的元素。因此，在进行手绘表现时，应重点把握绿色的层次变化。可以通过不同深浅和冷暖的绿色来表现植物的种类、密度和空间层次。同时，还要注意其色彩的点缀，如蓝色的水面、灰色的建筑、彩色的花卉等，以增加画面的丰富性和趣味性。

城市人民公园景观环境设计手绘表现（笔者自绘）

质感的表现是城市公园手绘的难点之一。不同的景观元素具有不同的材质特征，如水面的波光粼粼、草地的柔软细腻、建筑的坚硬棱角等。

光影效果的处理能够大大提升城市公园手绘的空间感和真实感。通过光影的明暗变化，可以突出公园的空间层次和立体感。同时，要根据不同景观元素的特性来处理光影效果，如树木的透光性、建筑的遮挡效果等。

8.2　居住区景观的绘制方法

居住区景观是城市景观环境设计中的重要组成部分，其手绘表现不仅需要体现出居住环境的舒适性和功能性，还要展现出独特的美学价值。在手绘表现过程中，需要充分考虑居住区的空间布局、绿化配置、活动场所等要素，以确保绘制的效果能够准确传达设计理念。

第 8 章　不同景观类型的手绘表现

居住区景观环境设计手绘表现（笔者自绘）

居住区景观手绘重点表现居住区的主要景观节点。这些节点通常包括入口广场、中心景观、休闲活动区等。在绘制这些区域时，可以采用透视图的形式，通过精细的线条和丰富的色彩，展现出景观的空间感和层次感。因此，在手绘表现中，应当着重突出这些节点的特色，如使用水景、雕塑或特色植栽等元素，以增强居住区的吸引力。

为了更好地展现居住区景观的使用功能，需要在手绘中加入人物和活动场景。这不仅可以增加画面的生动性，还能直观地表现出景观空间的尺度和功能定位。在手绘表现中，应当适当增加人物活动的场景，如散步、健身、休闲等，以突显居住区景观的实用性和宜居性。

色彩的运用对于提升手绘效果至关重要。居住区景观的手绘应当以温暖、和谐的色调为主，以营造出舒适、宜居的氛围。可以使用水彩、马克笔等工具来增强画面的色彩表现力。根据色彩心理学研究，绿色系能够给人以放松和安宁的感受，而适当点缀明亮的色彩则可以增加活力感。因此，在手绘过程中，应当合理搭配色彩，既要体现自然和谐的整体氛围，又要通过局部的色彩点缀来突出景观特色。

8.3 商业景观的表现技巧

商业景观是城市空间中极为重要的组成部分，它不仅承担着商业功能，还具有塑造城市形象、提升城市品质的作用。商业景观的表现技巧尤为关键，需要充分体现其独特的空间特征和商业氛围。

商业中心入口景观环境设计手绘表现（笔者自绘）

商业景观的手绘表现技巧需要综合考虑多个方面，包括人流、标识、建筑、灯光和绿化等元素。通过这些元素的巧妙结合，才能全面而生动地展现出商业景观的特色与魅力，为后续的设计实施提供有力的视觉支持。

商业景观的绿化设计也需要在手绘中得到充分体现。虽然商业景观以硬质铺装为主，但绿化元素的巧妙运用能够大大提升空间品质。因此，在手绘表现中，要适当加入绿化元素，如行道树、花坛、垂直绿化等，以平衡硬质景观，增加画面的生机与活力。

8.4 生态景观的手绘呈现

生态景观环境设计作为当代景观环境设计领域的重要分支，其手绘表现技法具有独特的魅力和挑战。在生态景观的手绘呈现中，需要充分体现自然生态系统的复杂性和动态性，同时展现人与自然和谐共生的理念。

生态景观手绘表现的首要特点是强调自然元素的多样性和丰富性因此，在手绘过程中，需要熟练掌握各种植物的形态特征和生长习性，并能够通过笔触和色彩准确表现出不同植物的质感和生命力。

生态公园景观环境设计手绘表现（笔者自绘）

生态景观手绘中，透视关系的处理尤为重要。由于生态景观通常涉及较大的空间尺度，需要通过远近层次的变化来展现空间的深度和广阔感。生态景观手绘还需要注重细节的表现。生态景观的手绘呈现是一项综合性的技能，需要在传统手绘技法的基础上，融入生态学知识和创新思维。通过精湛的手绘技巧，设计效果不仅能够展现生态景观的美学价值，还能够传达可持续发展的设计理念，为创造和谐的人居环境贡献力量。

思考与练习

（1）对比城市公园景观与商业景观手绘表现，在色彩运用和笔触处理上有何不同？如何通过手绘突出公园内标志性景观节点，吸引观者目光？

（2）运用创新的景观元素和独特的色彩搭配，绘制一幅具有创意的景观手绘作品，并附200～300字的设计说明，阐述设计理念与创意来源。

附　录

附录 A　景观手绘设计作品赏析

附录 A　景观手绘设计作品赏析

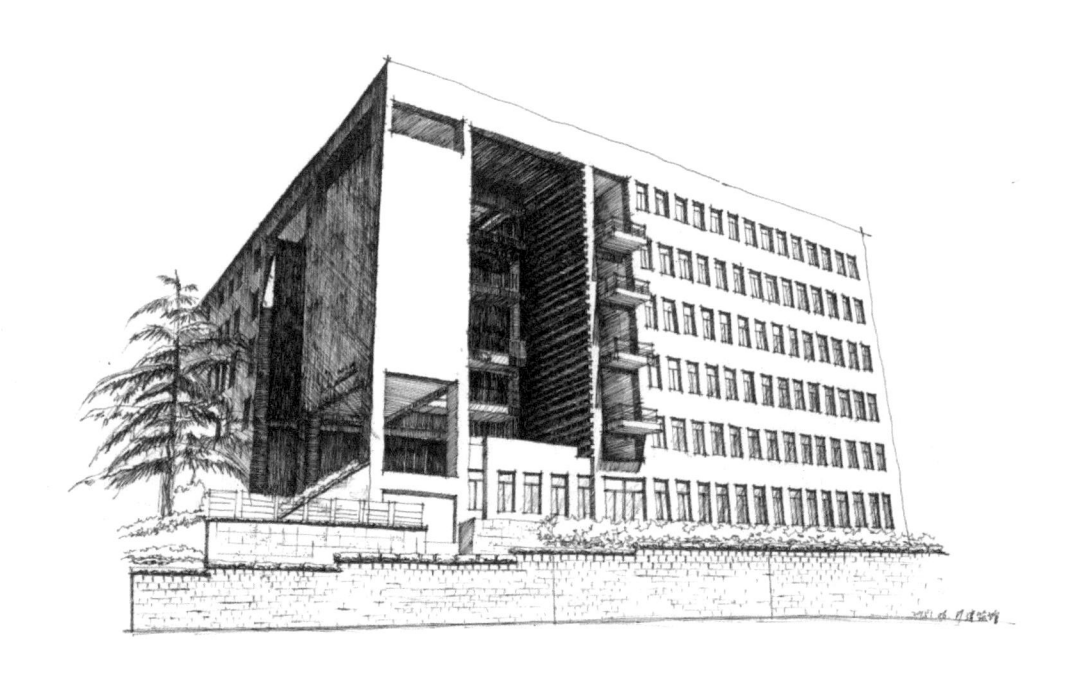

▶ 附录

附录 A 景观手绘设计作品赏析

附录

附录 A　景观手绘设计作品赏析

附录

附录 B 景观小品设施尺寸

景观小品设施尺寸

景观小品类型	设施名称	尺 寸 参 数
休憩类	亭	亭子高度：一般为 2.5~3.5m，方便人们在亭内活动，不会产生压抑感。 亭内空间：单人使用面积不小于 1.5m²，多人使用时人均面积 1~1.5m² 较为舒适，常见亭子边长 3~5m
	廊	廊宽：单人行走时 0.8~1m，双人并行 1.2~1.5m，满足多人通行需求。 廊高：2.2~2.5m，保证行人正常行走不碰头，顶部若有装饰可适当提高
	座椅	座面高度：38~45cm，符合人体坐姿时腿部自然下垂高度，久坐不易疲劳。 座面深度：40~45cm，能有效支撑大腿，使人坐得舒适。 靠背高度：40~60cm，可支撑腰部和背部，若靠背有倾斜角度，一般为 100°~110°

续表

景观小品类型	设施名称	尺 寸 参 数
装饰类	雕塑	放置在广场等开阔空间的大型雕塑，高度通常在3～8m，能成为视觉焦点，与周围环境尺度相协调。 小型景观雕塑（如放置在庭院、街边绿地）高度0.5～2m，方便人们近距离观赏细节
	景墙	作为分隔空间的景墙，高度1.5～2m较为常见，能起到分隔视线又不完全阻断交流的作用。 文化景墙若需人们驻足观看上面的雕刻、文字，一般高度在0.8～1.5m，方便人们平视阅读
	花钵	小型花钵：高度30～50cm，适合放置在窗台、阳台、桌面等位置，方便近距离欣赏花卉。 大型花钵：高度80～120cm，放置在广场、街道旁，既能种植花卉美化环境，又不妨碍行人视线
服务类	标识牌	景区导览牌：高度1.5～2m，文字部分距离地面1.2～1.5m，方便不同身高人群观看，宽度根据信息多少确定，一般0.8～1.5m。 交通指示牌：设置高度需保证司机在驾驶时能清晰看到，一般2.5～3.5m，牌面尺寸根据指示内容复杂程度调整
	垃圾桶	常规垃圾桶高度：60～90cm，方便人们站立时轻松投放垃圾，开口宽度30～50cm。 儿童专用垃圾桶：高度30～50cm，方便儿童使用，尺寸相应缩小
	公共厕所	蹲位宽度：0.8～1.2m，深度1.2～1.5m，保证使用者有足够空间。 洗手台高度：80～90cm，适合大多数人站立洗手，台面宽度50～60cm
游乐类	儿童游乐设施	滑梯：滑道宽度0.4～0.6m，坡度一般在30°～45°，保证儿童安全下滑，滑梯高度根据适用年龄不同，幼儿滑梯0.8～1.2m，大龄儿童滑梯1.5～2m。 秋千：座椅宽度0.4～0.5m，座椅离地面高度0.2～0.3m，适合儿童乘坐，秋千间距1.5～2m，避免儿童玩耍时碰撞
	健身器材	漫步机：踏板宽度0.2～0.3m，踏板间距0.4～0.5m，适合不同步幅人群锻炼，设备高度1.5～2m。 单杠：杠面离地高度1.8～2.2m，适合成年人抓握锻炼，杠长1.2～1.5m

附录 C 人体工程学在景观环境设计中的应用

景观环境设计中的人体工程学项目及数据

类别	项 目	数据参考标准
道路	步行适宜距离	≤500.0m
	负重行走距离	≤300.0m
	居住区道路宽度	≥20.0m
	小区路宽度	6.0～9.0m
	组团路宽度	3.0～5.0m
	宅间小路宽度	≥2.50m
	园路、人行道、坡道宽	≥1.20m
	轮椅通过宽度	≥1.50m
	轮椅交错宽度	≥1.80m
	尽端式道路长度	≤120.0m
	居住区道路最大纵坡	≤8%
	园路最大纵坡	≤4%
	自行车专用道路最大纵坡	≤5%
	轮椅坡道一般坡度	6%～8.5%
	人行道纵坡	≤2.5%
	无障碍坡道高度和水平长度（坡度1:20）	最大高度1.50m，水平长度30.00m
	无障碍坡道高度和水平长度（坡度1:16）	最大高度1.00m，水平长度16.00m
	无障碍坡道高度和水平长度（坡度1:12）	最大高度0.75m，水平长度9.00m
	无障碍坡道高度和水平长度（坡度1:10）	最大高度0.60m，水平长度6.00m
	无障碍坡道高度和水平长度（坡度1:8）	最大高度0.35m，水平长度2.80m

续表

类别	项　目	数据参考标准
植物	绿地规模（特级，以乔木为主的绿地）	绿地面积≥3000m², 乔灌木种植面积比例约70%
	绿地规模（一级，以乔木为主的绿地）	绿地面积≥2000m², 乔灌木种植面积比例约70%
	绿地规模（二级）	绿地面积≥1000m²
	绿地规模（三级）	绿地面积＜500m²
	道路绿化绿地率（市区主干道）	≥30%
	道路绿化绿地率（市区次干道）	≥20%
	道路绿化绿地率（其他等级道路）	≥15%
	道路绿化乔灌木种植面积占比（一般道路）	≥80%
	立交桥区绿地乔灌木种植面积占比	60%～70%
	特级绿地植物种类（含品种）	≥20 种
	一级绿地植物种类（含品种）	≥20 种
	二级绿地植物种类（含品种）	≥10 种
	特级、一级绿地非林下草坪所占比例	≤30%
	二级绿地单纯草坪所占比例	≤50%
设施	室外座椅（具）高度	0.38～0.40m
	室外座椅（具）宽度	0.40～0.45m
	单人椅长度	≈0.60m
	双人椅长度	≈1.20m
	三人椅长度	≈1.80m
	座椅靠背倾角	100°～110° 为宜

续表

类别	项　　目	数据参考标准
设施	室外踏步级数超3级时扶手高度	0.90m
	残障人轮椅使用扶手高度	0.68～0.85m
	栅栏竖杆间距	≤1.10m
	路缘石高度	0.10～0.15m
	水箅格栅宽度	0.25～0.30m
	车档高度	0.70m，间距0.60m
	墙柱间距	3～4m
	园林柱子灯高	3～5m
	树池铸铁盖板规格	1.2m、1.5m等（有圆、方外型）
	低栏杆高度	0.2～0.3m
	中栏杆高度	0.8～0.9m
	高栏杆高度	1.1～1.3m
	亭高度	2.40～3.00m，宽度2.40～3.60m，立柱间距≈3.00m
	廊高度	2.20～2.50m，宽度1.80～2.50m
	棚架高度	2.20～2.50m，宽度2.50～4.00m，长度5.00～10.00m，立柱间距2.40～2.70m
	柱廊纵列间距	4～6m，横列间距6～8m
	机动车停车车位指标大于50个时出入口数量	≥2个
	机动车停车车位指标大于500个时出入口数量	≥3个
	机动车出入口之间净距	>10m，宽度≥7m，服务半径≤150.0m

参 考 文 献

［1］代光钢. 景观设计手绘表现技法（微课版）［M］. 北京：人民邮电出版社，2024.

［2］覃永晖，余祥晨. 景观设计手绘技法与快题设计［M］. 北京：人民邮电出版社，2023.

［3］宋威. 园林景观设计手绘表达与快题基础［M］. 北京：机械工业出版社，2022.

［4］郑毅. 建筑景观设计手绘表现技法［M］. 武汉：华中科技大学出版社，2021.

［5］刘贺明. 景观设计手绘草图与应用［M］. 北京：化学工业出版社，2021.

［6］李根，曾惜. 画说景观设计手绘：基础训练＋设计草图＋考研快题［M］. 北京：人民邮电出版社，2019.

［7］尹曼. 景观设计手绘方法论［M］. 北京：中国林业出版社，2019.

［8］郑晓慧，王超，李诚. 印象手绘：景观设计手绘线稿表现［M］. 2版. 北京：人民邮电出版社，2018.

［9］徐澜婷，等. 景观设计手绘与项目实践［M］. 北京：人民邮电出版社，2018.

［10］马科. 景观设计手绘技法从入门到精通［M］. 2版. 北京：人民邮电出版社，2017.

［11］谢宗涛. 景观设计手绘表现：线稿与马克笔上色技法［M］. 2版. 北京：人民邮电出版社，2017.

［12］李磊. 景观设计手绘表达全图解［M］. 上海：东华大学出版社，2017.

［13］刘朝晖，李丽. 园林景观设计手绘图技法与表达［M］. 2版. 北京：机械工业出版社，2017.

［14］贾新新，唐英. 景观设计手绘技法从入门到精通［M］. 2版. 北京：人民邮电出版社，2017.

［15］王俊翔. 景观设计手绘技法强训：28天速成课＋1个项目实践［M］. 北京：人民邮电出版社，2017.

[16] 王劲韬. 景观设计手绘教程. 主题场景, theme scenes [M]. 北京：中国建筑工业出版社，2017.

[17] 向慧芳. 园林景观设计手绘表现技法 [M]. 北京：清华大学出版社，2016.

[18] 赵海翔. 景观及建筑手绘表现技法 [M]. 北京：北京理工大学出版社，2009.

[19] 香港科讯国际出版有限公司. 手绘效果表现. 景观篇, landscape collection [M]. 广州：广东经济出版社，2003.

[20] 陈伟. 马克笔的景观世界 [M]. 南京：东南大学出版社，2005.

[21] 胡长龙, 等. 园林景观手绘表现技法 [M]. 北京：机械工业出版社，2006.

[22] 符宗荣. 景观设计徒手画表现技法 [M]. 北京：中国建筑工业出版社，2007.

[23] 毛文正，郭庆红. 景观设计手绘表现图解 [M]. 福州：福建科学技术出版社，2007.

[24] 叶理. 手绘园林植物配置与造景 [M]. 北京：中国林业出版社，2008.

[25] 唐建. 景观手绘速训 [M]. 北京：中国水利水电出版社，2009.